看清看透

别说破

KANQING

Kantou Bieshuopo

「看清看透」是能力，「别说破」是智慧。

刘伟◎编著

看清、看透、别说破，是人生的三重境界。

中国华侨出版社

图书在版编目 (CIP) 数据

看清看透别说破 / 刘伟编著 . —北京：中国华侨出版社，2011.6

ISBN 978-7-5113-1437-6

Ⅰ.①看⋯　　Ⅱ.①刘⋯　　Ⅲ.人生哲学-通俗读物
Ⅳ.①B821-49

中国版本图书馆 CIP 数据核字 （2011） 第 091152 号

●**看清看透别说破**

编　　著 /	刘　伟
责任编辑 /	文　心
版式设计 /	丽泰图文设计工作室 / 桃子
经　　销 /	全国新华书店
开　　本 /	710×1000 毫米　1/ 16 开　　印张 /17　　字数 /265 千字
印　　刷 /	三河市华润印刷有限公司
版　　次 /	2011 年 6 月第 1 版　2011 年 6 月第 1 次印刷
书　　号 /	ISBN 978-7-5113-1437-6
定　　价 /	29.80 元

中国华侨出版社　北京市朝阳区静安里 26 号通成达大厦 3 层　邮编 : 100028
法律顾问 : 陈鹰律师事务所
编辑部 : (010) 64443056　　64443979
发行部 : (010) 64443051　传真 : (010) 64439708
网　址 : www.oveaschin.com
E-mail : oveaschin@sina.com

"看清看透"是能力，"别说破"是智慧

　　所谓"洞察世事之慧"，说白了就是一种"看清看透"的能力。即对生活有足够多的留心，观察中多进行反思，进而得到可以受用一生的教益。作为现实生活中的人，社会越来越复杂，关系越来越微妙，人心越来越叵测，于是就更需要我们具备看清看透的能力。这是我们走进社会、过好生活的必由之路。

　　看清楚事物的本质，不仅能够更准确地规避风险与陷阱，也能更好地明辨是非，不迷茫、不冤枉，自己过得好了，也让自己身边的人乐于与你相处，因为与你在一起，是一件安全而愉快的事情。

　　然而，凡事皆有度，生活需要我们具备看清看透的本事，更需要我们具备"别说破"的智慧。所谓别说破，就是在处理事情与人交往时，不可太直太白太简易，更不要不懂装懂瞎说一气。

　　"别说破"是做人做事的大智慧，是一门艺术，是与人交往的策略，是话到嘴边留三分的处世技巧。如果说"看清看透"能够

让我们活得更理性、更透彻，"不看破"能够让我们活得更快乐、更具建设性，那么，"别说破"则会让我们活得更自由、更圆融更通达。自古以来，喜欢说破的人，是得不到别人喜欢的，下场往往都不好。世事如棋，观棋不语才是真君子。

看清看透别说破是为人处世的一种大境界，是历经繁华后的淡泊超脱，是一种修养、一种积淀、一种良好的人生态度。在日常生活中，在与人相处的过程中，在漫漫的人生道路中，每个人都需要这种"看清看透"的能力，更需要具备"别说破"的智慧与艺术。

第一章

看清别说清，看透别说透

——世事明察的人生大智慧

罗曼·罗兰讲："看清这个世界，然后爱它。"意思就是对于世界的万事万物、人情世故，我们首先要看清看透，然后，我们才能遵从自然规律，适应这个社会，并且实现"爱它"的终极目标。这是做人做事须要遵循的原则，也是一种能力的体现。但是，生活在这个错综复杂的社会之中，我们又不可看到什么就说什么，看清什么就讲什么——这里面存在一个为人处世"大智慧"的问题。

第二章
病从口人，祸从口出
——说话要懂得"留三分"

常言道："病从口入，祸从口出。"可见，言语谨慎，对一个人的为人处世具有极其重要的意义。好人好在心上，坏人坏在嘴上，那些看到什么就说什么，想到什么就做什么的人，即使才华横溢也不能算是一个有智慧的人。这种人不懂得为人处世的艺术，口无遮拦是他们的致命伤。而真正聪明的人却能够管住自己的嘴，懂得"话到嘴边留三分"的道理。

第三章

曲言婉至，含而不露

——说话直来直去易伤人

普天之下有一种人，人缘最好，他们懂得关键时刻给他人留个台阶下。这种人把"别说破"的处世艺术运用得可谓是炉火纯青。他们做人谦逊而谨慎、含蓄而不张扬，他们从不会把事做尽，更不会把话说绝，他们总是以和为贵，当收则收，从而赢得别人的好感，提高自己在他人心目中的地位，这样人缘自然而然也就好了。

第四章

水至清则无鱼，人至察则无徒

——与朋友相处不必苛求完美

俗话说："水至清则无鱼，人至察则无徒。"与人相处，要看清、看透他人的性格品行，交朋结友，要有所选择，但也要明白人各有所长、各有所短，不可要求自己的朋友十全十美。只有懂得欣赏朋友的长处、也能宽容朋友的缺点与错误的人，才能与朋友融洽相处，才能在人际交往中如鱼得水、游刃有余。

第五章

海纳百川，有容乃大

——宽容是一种"别说破"的境界

西方谚语说："要想了解一切事物，首先必须宽容一切事物。"生活中，宽容是一种博大的胸襟，是一种良好的处世智慧，只有那些善于运用宽容来处理人际关系、修炼自己的人，才是真正的智者。对于他人的过失与缺点要予以理解和包容，而不可严厉苛责。这是与人交往的艺术，也是看清看透别说破的要义之一。

第六章

月满则亏，水满则溢

——凡事都要留下回旋的余地

在雕刻技法中有一个原则，眼睛要先刻得小一些，鼻子要刻得大一些。因为眼睛小了，可以刻大，鼻子大了，可以刻小。这是为了进一步完善时，留有修饰的余地。为人处世也理应如此，无论是说话还是办事都应适可而止、点到为止，不可过"满"，也不可说"破"，要为他人也为自己留下回旋的余地。

第七章
看清形势，灵活变通
——为人处世要懂得适时变通

变通是天地间最妙的智慧，是智慧中的智慧。规矩原则是死的，而人是活的，所以在生活中我们要懂得变通之道，不强迫自己，也不苛求他人。为人处世知变通，不"死搬教条"、不墨守成规、不斤斤计较，我们就能化尴尬为融洽、变劣势为优势，我们的人生之路也会更加宽广、平坦。

第八章

花看半开，酒饮微醉

——韬光养晦方能助你出奇制胜

锋芒太露遭人妒。生活中，如果太显摆自己，趾高气扬，与人对着干，大多会遭受失败。因此，现实生活中我们要"行如病虎，立如眠鹰"，要勇于把聚光灯照在他人的身上，我们要学会藏巧于拙、用晦而明、聪明不露，才华不逞等韬略，来隐蔽自己的行动，这样才可以更好地保全自己，并达到出奇制胜的目的。

第九章
大勇若怯，大智若愚
——做人不必太聪明

"大勇若怯，大智若愚。"说的就是一种糊涂哲学。大凡有智之人都懂得适当的"糊涂"艺术。这种人在社会中宠辱不惊、去留无意，他们看清了社会、看透了世界，但他们并没有趾高气扬，依然沉稳前行。他们看起来木讷、糊涂，甚至傻气，其实，在他们"糊涂"的背后，隐含的是真正的大智慧。

第一章

看清别说清，看透别说透
——世事明察的人生大智慧

罗曼·罗兰讲："看清这个世界，然后爱它。"意思就是对于世界的万事万物、人情世故，我们首先要看清看透，然后，我们才能遵从自然规律，适应这个社会，并且实现"爱它"的终极目标。这是做人做事须要遵循的原则，也是一种能力的体现。但是，生活在这个错综复杂的社会之中，我们又不可看到什么就说什么，看清什么就讲什么——这里面存在一个为人处世"大智慧"的问题。

做人做事需要有洞察世事之慧

苏轼曾说过："古之立大志者，不惟有超世之才，亦必有坚韧不拔之志。"在此可以这样说："古之立大志者，不惟有超世之才，亦必有洞察世事之慧。"超世之才和坚韧不拔之志自然是不可或缺的，但洞察世事之慧才是一个人成功的源泉。

所谓"洞察世事之慧"，即对生活有足够多的留心，观察中多进行反思，进而得到可以受用一生的教益。相信具有这样的能力，也就具有了成为"立大志者"的基本条件，换言之，也许"洞察世事之慧"本身就是一种"超世之才"吧。寒蝉的歌唱，有人认为那只是无聊的唧唧，而有人却听出了那是"病翼惊秋，枯形阅世"的怅然与戚然，是年华将暮的悲歌，是灵魂的哀怆！于是前者的生活仍无波无澜，一如既往；后者则以其"洞察世事之慧"悟出了生命的短暂与可贵，抓紧永不曾停歇的时间和转瞬即逝的机遇，干出一番大事业来。想来世事莫不如此，成功并非是什么遥不可及的，只不过是缺少了那些洞察世事之智者罢了。

某次金融危机，造成不少人倾家荡产，很多人一夜之间，身价归零，甚至欠了一屁股的债，有的人就受不了，选择了绝路，甚至还有的把孩子妻子先杀了，然后再自杀。这类悲剧，让人看了无比感慨，但也有这样的事例：一个华尔街投资公司的主管，

以前年薪 75 万美元,一星期的收入比大部分美国人一年的收入还高,住着宫殿一般的豪宅,是上流社会乡村俱乐部的成员,两个孩子上的是私人贵族学校,可是金融危机来了,公司经营失败倒闭,找了两年工作却一无所获,最后房子被银行收了,信用卡上欠了十几万美元的债,一家人只好靠政府每月 500 元的救济金度日。这样的变化,无疑是从天堂掉进了地狱,换了另一个人,也许早就跳楼了,可他并没有放弃对生活的信心,在整整两年都找不到适合自己专业的工作之后,最后决定到街口的一家比萨饼店去送外卖,挣的是每小时 7 美元出点头的工资,外加上送饼上门时客户给的小费。电视主持人采访他,问他对如今的工作有何感想时,他坦然地笑着说:至少我在工作,能够把晚饭摆到餐桌上。一脸的坦然,满面笑容,我们不得不佩服这种人的气度与胸怀。

这样的人,上得起,下得来,经得起风浪,永远以一种积极乐观的态度面对生活,只要有机会,迟早会从废墟中爬起来再创辉煌的。

在一次某学校的演讲比赛中一个学生的讲演,更是让人懂得了具有敏锐的洞察力是多么的重要。只见此学生将一袋核桃倒入杯中,很快杯满将溢,而后,他将半杯大米倾入杯中,米粒充斥在核桃的缝隙中,但没有溢出。其结论为:"人的生活本是十分明晰的,可要是琐碎的小事多了,我们就会碌碌奔波终日,以致生活变得模糊难辨,甚至于没有更多的空闲去做比那些小事要重要得多的大事了。"

人们绝不可否认的是这是个很寻常的现象,但是该学生能把它放入讲演并作出如此精辟的总结,这归功于其敏锐的洞察力。可见,"洞察世事之慧"是人处于世的至关重要的一种素质,同时,它衍生着真理,衍生着成功。

看到日月穿梭,想到逝者如斯,韶华白首,不过转瞬,于是

珍惜自己现有的青春锦瑟，不等到"西风吹入鬓华深"时空自嗟叹；看过"春风桃李花开日，秋雨梧桐叶落时"，想到兴衰更替，周而复始，于是身处逆境而不怨天尤人；看遍"年年岁岁花相似，岁岁年年人不同"，想到人情冷暖，世态炎凉，几十载后自己也会"朱颜辞镜花辞树"，于是知道珍惜自己现在所拥有的一切。这便显现出"洞察世事之慧"的用处了。许多人信仰真理，渴望成功，殊不知"洞察世事之慧"的重大意义，具有了这种智慧，就向成功迈进了一大步。所以说，洞察世事之慧正是成功的源泉。

看清自我，方可接近成功

当我们作为一个生命降临在这个世界上，我们就不可避免的要承担生命给我们带来的酸甜苦辣，无论我们对人生的态度如何，我们都要承担责任，承担对父母，对子女，对社会以及对自己的一个责任，所以活着就不轻松，就不容易。现在我们都有活着的能力，都能生存，但我们的目标不是简单的生存，而是能在有生之年领略更多的人生美景，获得更大的价值。也就是说我们要在一生当中得出一个令我们满意的答案。

但我们总感觉到迷茫，感觉到无助，这是为什么呢？其实里面一个很大的原因就是不能认识自己，不能给自己一个明确的定位。

曾是好莱坞影视明星的施瓦辛格在童年时便梦想进入美国政界有所作为,这谈何容易啊!从某种角度讲简直可以称为天方夜谭!但俗话说:"世上无难事,只怕有心人。"他综合分析自己的优缺点后,对自己的梦想作了一番计划,要在政界出人头地,就必须取得美国金融财团和知名政客的支持,这就需要与一位在金融和政治方面都颇有造诣的家族联姻;但想要与这样的家族联姻,就必须着力推销自己,让自己在报纸和新闻界展露头角;要出名,影视界是捷径;不过想要在影视界闯出名头,就要有出类拔萃的演技和吸引观众的艺术特色。于是施瓦辛格决定首先辛勤苦练健身操,练就了一身强壮的肌肉和魁梧的身材,然后进入好莱坞。果然,他不负所望,一进入影界,便一炮打响,取得了观众的认可,名声风靡全球,无人不晓。同时,他还在人生的进程中迈出了关键的一步——与前美国总统肯尼迪的侄女结为夫妇。在退出影界后,施瓦辛格走上了从政的道路,2003 年他竞选上了美国加州州长。

施瓦辛格之所以能取得这样的成功,首先就是因为他看清了自己并对自己的人生有一个明确的定位,因为只有很好地认识自我,才能对自己进行明确的定位,自己的努力才有方向;有了明确定位,人生才有奔头;有了明确定位,才不会被灯红酒绿、纸醉金迷的生活迷住了眼而浪费精力。而对将来没有定位的人,大多活得浑浑噩噩,即使有所成就,也很小很小。

人生需要定位,而且最好是高点定位,把自己目标设定的高点,潜力才能迸发得更高,成就也才会更大。但是给自己定位的前提则是认清自我。

现实生活中,我们要想踏上成功之路,到达成功的彼岸,我们首先必须了解自己,看清自己。看清了自己,就会知道自己有什么条件,知道什么是自己的真正追求,才会找准适合自己的最

佳，可以说决定我们层次、境界、气质、地位高低的，首先是要清楚大脑中的那个"我"！

伟大的文学家歌德在年轻时的志向是成为一个举世闻名的画家。为此，他一直沉浸在那个变幻无穷的色彩世界中难以自拔。他付出了 10 年艰辛努力去提高自己的画技，但收效甚微。在他40 岁那年，他决定去意大利游玩，亲眼看到那些大师的作品之后，他被惊醒了：即使自己穷尽毕生的精力恐怕也难以在画界有所建树。于是，他毅然决定放弃绘画，改攻文学。

晚年的歌德每当回顾自己的成长过程时，就告诫那些头脑发热的青年，不要盲目地相信自己的兴趣，跟着感觉走。歌德慷慨地说："要实现自己的长处很不容易，我差不多花了半生的光阴。"

毋庸置疑，人有很大的潜力，你可能会在任何一个行业中做出很好的成绩，但如果你能充分了解自身，给自己一个合理的定位，你就会更快更容易地达到成功。

日常生活中的我们，之所以会遇到这样那样的问题，其症结就是没有认清自我，没有对自己的人生进行定位。这是一个极为关键的问题。举个最常见也最简单的例子，我们总觉得生活太难，活着太累，那么我们看看那些乞讨者吧，他们也是人，他们流落在街头乞讨，好心人可能会给他个好脸色，但大多数人会很讨厌他们，但他们是不是会因为大多数人的讨厌而放弃去要饭呢？当然不会！为什么呢？主要是因为他知道自己的状况，知道自己只有把钱要来，自己今天才不至于饿肚子，才能活着。这些人也认清了自我。

看清他人的真实意图

俗话说:知人知面不知心,人心是最难以琢磨的东西。由于种种原因,人们喜欢掩饰自己的真实想法,他们的言行与他们的真实动机往往不一致。因此,为人处世,必须要了解人们行为背后的思想的"秘密"。

我们沟通的信息是包罗万象的。而且,在沟通中,我们不仅传递消息,而且还表达赞赏、不快之情,或提出自己的意见观点。如果信息接受者对信息理解与发送者不一致,有可能导致沟通障碍和信息失真。许多被误解的问题,其核心都在于接受人对信息到底是意见观点的叙述,还是事实的叙述混淆不清。

另外,沟通者也要完整理解传递来的信息,既获取事实,又分析发送者的价值观、个人态度。这样才能达到有效的沟通。

因此,只有知道了人们的真实想法,人与人的交往才能正常地、愉悦地进行。否则,容易使自己陷入被动的局面,甚至产生一些误会。

记得以前看过一则小笑话。这则笑话就能说明这一点。

有个特别喜欢聊天的人,一到晚上就喜欢找邻居聊天,而且每次晚上都要聊得很晚才回家。邻居的妻子每次刚抱怨完这个"聊不完"先生,他就来了。

有一天，这个妻子又在抱怨了，丈夫安慰他说："没关系，他再来我有办法叫他早点回去。"正说着，那位"聊不完"先生就来了。

聊不完先生刚刚坐下，邻居家丈夫就对他说："昨天晚上，我家附近出现了强盗，有两个人身上的钱财被抢去，连所穿的衣服也被剥个精光。""那我得赶紧回去。""聊不完"先生说完掉头走了。

夫妻计谋得逞，正在手舞足蹈时，"聊不完"先生又神气十足地回来了，说："我怕被强盗抢，把手表和钱包都放在家里，换了条破裤子和一件旧上衣来，今晚聊到再晚也不怕了。"

夫妻二人面面相觑，顿感无奈！

显而易见，这个"聊不完"先生是个不受邻居欢迎的对象。他忽视，或是看不懂邻居的真实意图，而永远只是自顾自地做自己想做的事情。开始的几次，邻居出于礼貌而不直接地拒绝他，但下次当他再拜访邻居家时，邻居可能厌烦而干脆对他闭门不见了。

生活中，人们出于礼貌而隐藏自己真实意图的情况有很多。这是一种不自然的掩饰，比如，当你向别人借钱的时候，人家不会直截了当地拒绝你，而是借别的话题暗示你"我的钱都已经借出去了！"当你向一个漂亮女孩表白时，她不会马上拒绝你，而是告诉你"你是一个好人！"你到一个陌生人家拜访，尽管人家对你恨得咬牙切齿，你出门的时候，主人还是会跟你说"欢迎下次再来！"这种情况下，如果你还不明就里地继续下去，可能就要招人痛恨了。

有时候，人们是出于其他的目的而隐藏自己的内心。所以，我们经常会说："我看不懂他，所以不知道如何与他相处！"很多刚谈恋爱的年轻男孩会发现，自己的女朋友有时候莫名其妙，

难以捉摸。约会后各自回家的时候，明明说要自己回家，一旦你没有送她，她又说你没送她，爱她还不够；明明说你"讨厌"，却又不停地给你擦拭额头上的汗水。这种情况下，如果你只是相信她的话，而不明白她为什么要这么说，你们的恋爱也就没那么有趣了。

有个木讷的小伙子，毕业后找工作很久也没有找到。最后，他只好在家帮助父亲卖一些农产品。

有一次，父亲让他推一车刚摘的花生到市场上去卖。出门的时候，父亲忙着去地里干活，只交代了他一句每斤花生卖3元钱就匆匆走了。

集市上的人很多，问价钱的人也不少，但是买他花生的人却没有。这时，一个老妇人走过来，看了看他的花生，问了价钱后，对他说："年轻人，你这个花生土太多，价钱能便宜一点吗？"

花生刚从地里挖出来，上面的确还沾了一些土。于是，他点点头，便宜5毛钱。接着，老妇人又剥开一粒花生："你这个花生粒太小了！根本就不值这个价格！"

年轻人看着她手中剥开的花生粒，也觉得有点道理。于是，答应再便宜5毛。接着，老妇人又说："集市上这么多人都不买你的花生，肯定是有什么问题吧！这个价格的话，我就先到别的地方看看。"接着，拍拍手，起身要走的意思。

年轻人生怕第一个顾客走了，马上叫住她，表示价格还可以便宜一点。这时的价格已经比父亲交代的价格便宜了一半。

老妇人果然买了很多回家。之后，以这个价格，年轻人很快就卖光了花生，兴高采烈地回家了。

父亲问他今天卖了多少钱，当他把钱告诉父亲时，父亲差点气晕了，他还一个劲地抱怨自家的花生多么的不好，价格太高。

父亲告诉他，他们家的花生就是"小粒红"的品种，小粒是

特色，并不是不好。刚挖出来的花生，壳上带一点土是很正常的。这种花生的营养价值比一般花生高，当然价格要贵一点，所以买的人也相对少一点。

其实，老妇人在买花生的时候，挑一些毛病，并不是她真的嫌弃花生不好，她的真正意图是，希望通过挑一些毛病而让年轻人主动降低价格。而小伙子却真的以为自己的花生不好，顾客嫌弃，而降低了价格。

有时候，人们出于某种利益而隐藏自己的想法，比如你的生意伙伴、你的领导、你的同事等等，经常不说实话，用一些相反的言行来迷惑你。在人际交往中，如果我们不能明白对方的真实意图，看不透对方的心思，那我们就无法把握主动权。

看清看透，但不要看破

凡事都有个"度"，我们可追求完美，但不能苛求完美，过则犹不及，看清看透就好，看破之后，就容易走向反面。

人生活在这个纷繁复杂千变万化的世界，应该具备看清看透的本事，但不可苛求看破一切，要尽量不给自己树敌，尽量谨慎为人、灵活处世，平平安安活到老。

看清楚我们面对的社会和身边的人物，这是我们走进社会、过好生活的必经之路。

首先，我们必须看清楚自己本身的优劣，正确地认识自己的价值，明确自己要走的路途。这样，我们就不会因为行进路途中的一些磕碰而常感迷惑与茫然。倘若贸然为自己设计一条并不适合自己的路途，从相反的方向迈步，难免会踏上不归路。

具体事物总是千变万化、千差万别的，现象纷繁复杂，看清本质，我们才能放心下手。譬如投资，充斥着各种各样的欺诈与虚伪，倘若不能透过花样繁多的表象，看清楚它的本来面目，眼睁睁揣着大把资金往骗子口袋里扔；譬如爱情，誓言与谎言交相辉映——不看清对方的性格本质、不看清对方的目的，一个不小心，回头已追悔莫及。

看清楚这个世界，我们能更好地分辨是非真假。倘若你是一个老板，看清楚你员工的为人，就不会因内部人际关系而烦忧，不会因为别人的冷言冷语而诬陷了忠诚的老实人。

看清楚事物的本质，不仅能够更准确地规避风险与陷阱，也能更好地明辨是非，不迷茫、不冤枉，自己过得好了，也让自己身边的人乐于与你相处，因为与你在一起，是一件安全而愉快的事情。

我们要看清自我看清世界，看透人心看透事物的发展规律，然后坦然地接受生命给予你的一切，包括所有的痛苦与幸福，多一些珍惜与欣赏，少一些不满与抱怨。但是，凡事看清看透既可，千万不要看破。一旦你把人生看破，你的生命中就会生出一个无底的黑洞，犹如宇宙中吞噬一切的黑洞一样，它会吞噬你周围所有的阳光，将生活变成永恒的黑夜，最后消灭一切，包括你自己的生命。

人生也许就是许多偶然和必然组成的一段时间弧线。在混混沌沌中出生，在忙忙碌碌中求生存，终于功成名就了，日子却已经所剩无几，死去后，万事空，人生不过是从子宫到坟墓的一条

弧线。

倘若你真的看破了人生的弧线，辛酸不免涌上心头，坚持奋斗、苦苦追求、披肝沥胆，到头来，还不是土里埋，有意思吗？

这样看，实在没有什么意思。人生就是一个过程，人生倘若省略了过程，一眼就盯着结果，确实没有一点意思，也毫无意义可言。这样的人生，不过也罢了，于是，看破人生的人，了无生趣地选择了孤独离开。

看破者，注定是孤独的，没有伙伴与朋友，因为他们相信，人是孤零零地出生，孤零零地死亡，生命中的一切，都是过客。没有朋友的人生，有意思吗？当然更加了无生趣。

看破者还容易成为众矢之的，何为众矢之的？

众矢之的在词典上的解释就是"众箭所射的靶子"。比喻大家攻击的对象。《鲁迅书信集·致许寿裳》："语堂为提倡语录体，在此几成众矢之的。"

看破世事，如何成为人人喊打的过街老鼠呢？

一个很小的例子，譬如某位同事有占便宜、开小差的毛病，你看破了他的为人，处处防备着他，或者见人就说，后果是什么？不仅此人日益厌恶你，其他同事也觉得你没有宽容之心，不好相处。

由此看来，看破不是一种境界，不是看清的更高一级，而是体味人生的一种走火入魔状态，看过武侠片的人都知道，走火入魔不仅自废武功与身体，还将伤害他身边最亲密的人。还是不看破来得经济划算，毕竟，生是有期限的，而死，却是永远，不要急于追求。

即使看破也不可说破

在网上看到这么一个小故事：一日老张与老李两位老人在公园楚河对弈，一旁围了不少人观战，笔者见状也凑前去看热闹。老张走出一步暗藏杀机的狠招，大家静观其变，惟独一名年轻男子按捺不住："好棋，当心！"老张瞪了年轻人一眼："观棋不语真君子！"对手老李本来没有看透这步棋意，但又不愿承认自己太笨，也责怪这人"话多"！多嘴的年轻人，落了个两头不讨好的结果。

这不由得让人想起《水浒传》中的吴用和李逵。吴用对宋江的招安之心看得一清二楚，但从没说破，宋江很倚重他；李逵则动不动就大叫："招什么鸟安！"结果老是遭受宋江的指责。在现实生活中，像以上年轻人和李逵那样的并不鲜见。这种人心里藏不住话，直来直去的人走到哪里都会吃亏的。由此可见，有些事情即使你看破了，最好也不要说破，这是生活的艺术，更是精明处世的智慧。

看过一篇题为"有一种关爱叫'视而不见'"的文章，说一位一向乐以助人的心理学教授，在一个雨天，看到一位穿着高跟鞋的年轻漂亮的女教师不小心摔倒以后，竟然没有上去搀扶，说是怕给她造成尴尬，说是要为她保留掩饰难堪的机会，说是要让她

能作一个小小的调整，好继续从容前行。多么出色的"看破"能力，多么精妙的"说破"艺术。扪心自问，有谁愿意将自己的难堪、自己的缺点、自己的错误等等，堂而皇之地展示于人呢？事实上，这"说破"的真正艺术是理解，是信任，是尊重，是宽容，是期待……是"看破而别说破"，是用爱心真情感受，是用行动真诚弥补。

在教育杂志上曾刊登过这么一则故事：在一节思品课上，有学生向上课的老师 A 报告说自己的 50 元钱被人偷了。老师 A 大为脑火，他绷紧了脸，锐利的目光像一把匕首，威严地扫视着全班学生，最后停留在那位坐在丢钱学生后面的男孩身上。那个男孩脸色通红，神色紧张，极力躲避着他的眼光。凭着多年的经验和对该男孩的了解，老师 A 马上有了答案。他命令那个男孩站起来，把插在裤兜里的手拿出来。果不出所料，从他的裤兜里，老师 A 摸出了那被偷的 50 元钱。接下来的时间，老师 A 本着一贯认真负责的工作态度，就"偷钱事件"大加发挥，对全班学生上了一堂深刻而又典型的随机教育课。

在另一个班的另一节思品课上，也有一个学生向上课的老师 B 报告说自己的 50 元钱被偷了。幸运的是，老师 B 在环顾了全班学生几眼之后，竟然若无其事地问，有哪位同学"捡"到了 50 元钱，下课后请把钱交到办公室。他那和蔼可亲的笑容，那关切期待的目光，使坐在丢钱学生后面的那位脸色通红、神色慌张的男孩深感羞愧，而又满怀感激。他不明白，明明是自己拿了那 50 元钱，老师为何偏偏说是"捡"的？但此时此刻，他还是下定了决心：下课以后，一定要……据说，那位"拾金不昧者"还得到了老师 B 的"表扬"。

也许是偶然的巧合，十年以后，老师 A 教的那个男孩成了小偷，老师 B 教的那个男孩成了警察。

每一个孩子都会有缺点，每一个孩子也都会犯错误。对这，老师大都具有"看破"的能力。但"看破"之后，是不着痕迹，是小心翼翼地去触及、去教育、去修正，是给孩子以改过的机会，为孩子留下回转的余地，为孩子保留自尊的空间，还是任意地放大孩子的缺点，无情地说破孩子的错误，粗暴地践踏孩子的自尊，而给孩子以难堪，给孩子以痛苦，给孩子以伤害呢？这就需要老师们掌握"说破"的艺术了。

看破别说破是与人相处的大智慧，是历经繁华后的淡泊超脱，是一种修养、一种积淀、一种境界、一种良好的人生态度。在日常生活中、在与人相处的过程中、在漫漫的人生道路中需要这种看破别说破的智慧与艺术。

低调做人，方成大事

《易经》曰："察见渊鱼者不祥。"意思就是：连深渊水底的鱼、河中浑水里的鱼有多少条、在怎么动也看得清楚，不要自认为很精明，实际上很不吉利，说不定会早死，因为精神用得过度了。做人的道理也是这样，不要太精明，生活中的有些事该闭一只眼时就要闭眼。

在我们的现实生活中，常常发现有这样一类人，他们自视甚高、锐气旺盛，可谓锋芒毕露，为人处世丝毫不留余地，待人接

物咄咄逼人，倘若有十分的才能与聪慧，肯定是利用十二分的张扬将其表现出来。他们往往有着超乎常人的充沛精力，当然，也有一定的才能，瞧不上眼前的任何人，大有一种"一览众山小"的架势。

殊不知，这种人在人生旅途中往往遭受挫折，甚至酿成悲剧。其原因是他们看不到或者不明白人"知"与"不知"的相对性，有一点聪明，有一点成就，于是就坐井观天地以为自己无所不知、无所不能。其实，世界之大，天外有天，你又怎能穷尽呢？过于卖弄聪明，锋芒毕露，觉得自己全知全能，终究是要碰钉子的。

三国时代，有个绝顶聪明的人在曹操手下为官，他就是杨修。杨修曾经和曹操一同骑马经过曹娥碑前，见碑上刻有八个字："黄娟幼妇，外孙齑臼"。杨修一看就明白怎么回事了，而曹操却百思不得其解。因此，他让杨修不要说出答案来，让自己回去好好想一想。又走了30里，曹操才开悟，和杨修一对答案，原来是"绝妙好辞"四个字。曹操感叹道："我的智慧比杨修差了30里啊！"嘴里虽是这样说，心里却并不是那么舒服。

有一次，曹操吩咐属下建造了一座花园，花园建成后，他去观看，未置可否，只是在门上写了一个"活"字，便离开了。众人哪里能够了解他的意思，于是求教杨修，杨修一看便说："'门'内添'活'字，乃'阔'字也。丞相是嫌门做得太宽了。"

监工立即命令工匠们将门缩小一些，曹操再去看时，大喜道："谁知道我的意思的呀？"左右的人告诉他："杨修。"曹操虽然表现得非常惊喜，但是心里对杨修的嫉妒可是越来越重了。

后来，有人送了一盒酥给曹操，他没来得及吃，便在酥盒上写了"一盒酥"三字，放在案头。曹操一走，杨修便取出盒中的酥分给大家吃，曹操问你怎么这样做呢？杨修回答："盒上明白地写着'一人一口酥'，我们岂敢违抗丞相的命令呢？"曹操得知

后脸上虽然嬉笑，心里更加嫉恨他。

最重要的一件事情是平时曹操担心被人暗害，便对左右的人说："我在做梦的时候喜好杀人，所以一旦我睡着了，你们千万不要靠近我。"一天，曹操午睡的时候被子落在地下，一个近侍给他拾起后盖在身上。不想曹操突然从床上跃下来，拔起剑便把他给杀了，随后，又倒头便睡。

起床后，曹操假意问道："是谁杀了我的近侍？"众人以实相告，曹操懊恼得痛哭起来，还命人将其厚葬。于是大家便都以为曹操是梦中误杀。如今看到曹操又是痛哭，又是厚葬，不但没有人怪曹操，还都称赞他。临葬的时候，杨修出来说话了，他指着死者道："丞相非在梦中，君在梦中耳。"曹操听后，恨得牙痒痒，便想找机会惩治这位"聪明绝顶的人"。

后来曹操的军队和刘备在汉水开战，两军对峙，久战不胜。曹操是进是退，心中犹豫不决，正好碰上厨子送进鸡汤，见碗中有鸡肋，因而有感于怀。正在沉吟的那会儿，夏侯惇进帐问他夜间口令。曹操随口说道："鸡肋！"

行军主簿杨修一听夜间口令为"鸡肋"，便立即让随行士兵收拾行装，准备回家去。夏侯惇忙问："这是何故？"杨修回答："鸡肋者，食之无肉，弃之可惜。丞相的意思是如今进不能胜，退恐人笑，在此无益，不如早归。来日魏王必班师矣。"

本来曹操就在进退两难之际，确实有班师回朝的意思，但见自己的心思又被杨修说破了，气恼异常，新仇旧恨一起涌上心头，便大声呵斥道："你怎么可以造谣呢，扰乱军心。"于是喝令刀斧手把他推出斩了。

以上这几件事，可谓处处透出杨修出类拔萃的聪明才智，然而，他的聪明没有糊涂来保护，看破什么就说破什么，结果聪明反被聪明误。曹操当日自认为他的智慧与杨修相差 30 里，对杨修

既羡慕又妒恶，这就决定了杨修不会有什么好果子吃。最后，曹操终于找到一个"乱我军心"的借口，轻易铲除了心腹大患。

在我国传统的观念中，都是这样认为的，有一分才华做一级官。下级的才华超过了上级，即便还没有威震其主，也足以让上司心惊胆战了。这种震主现象可谓是官场大忌。虽说有些当权者也很喜爱有才之士，可是一旦发现其才惊人，远远超过了自己，就惊恐起来，宁可用奴才，也不用人才了。杨修就是犯了这一大忌，撞在了曹操的枪口上。杨修的死，就是太喜欢显露自己了。猜碑辞，猜阔字，猜一盒酥，其实这些都是一些文字游戏，曹操未必就想着将他置于死地；曹操梦中杀侍卫，杨修一针见血指出："丞相非在梦中"，戳穿了曹操玩的把戏，当然是让曹操难以容他；至于他在前线说破"鸡肋"的含义，让士兵整装待归，这是违反军规之举，难道他能不知道吗？只图一时逞智，不管违法乱纪，也难怪曹操要借机向他下毒手。曹操的毒手可以说就是杨修的太精明"招"来的。

所以我们强调低调做人，不耍小聪明。尤其是在必要的时候，我们一定要善于将自己处于糊涂的保护伞之下，即使你看清看透了万事万物，也不要说破点破。在"低调"的心态支配下，努力进取，方能做成大事业。

给自己的未来留点缝隙

建筑工人都知道，在建房子的时候，要在需要的地方恰到好处地留一点空间，从而避免出现拉裂或者挤压变形，以不太完美的形式达到完美的境界。其实，我们在为人处世方面也是这样，留一点缝隙，也就是为自己留一条后路，不把话说死了，也给自己留下口德。如果我们时时精于算计，事事锱铢必较，不给他人留半点余地，不甘心自己牺牲一点利益，那么我们与人之间的交往，必定是极易出现剑拔弩张的局面。

有这样一个女子在行路中吐口痰，因风的作用把痰刮到一个小伙子的裤子上了，该女子看到后慌忙道歉，并从包里掏出面巾纸要擦去小伙子裤上的痰，但小伙子恼怒得不肯让她擦去痰，并声言："你给我舔去！"女子再三赔礼："对不起！对不起！让我给你擦去好吗"？但小伙子执意不让她擦，就是让她给舔去，这样争执下去，街上围上看热闹的人越来越多，有的跟着起哄打哨，闹着、笑着，无论女子怎么说"对不起！"也无法使小伙子原谅她，非让她舔去不可。最后惹得女子大怒，从包里掏出一沓钱来，有一两千元，当场喊到："大家听着，谁能把这个家伙当场摆平了这些钱就归谁！"话音刚落，人群中闪出两个健壮的男人，对着那不依不饶的小伙子就是一阵拳脚，刚刚还非常神气的小伙子被

踢翻在地不知东南西北，等站起来找那女子时，那女子已扬长而去。可见，得饶人处且饶人，凡事不可过分，不然，吃亏的最后还会是你自己。

人要能站到高处，往开处想，便能理解别人，宽恕别人。看着像是"窝囊"，其实那是人格的完美高尚！带来的那种崇高美感，是一种千金难买的精神享受。

有这样一个寓言故事：

一头大象，在森林里漫步，无意中，踏坏了老鼠的家。大象很惭愧地向老鼠道歉，可是，老鼠却对此耿耿于怀，不肯原谅大象。

一天，老鼠看见大象躺在地上睡觉，心想到：机会来了，我要报复大象，至少，我可以咬它一口。

但是，大象的皮特别厚，老鼠根本咬不动。这时，老鼠围着大象转了几圈，发现大象的鼻子是个进攻点。

老鼠钻进大象的鼻子里，狠劲地咬了一口大象的鼻腔粘膜。

大象感觉鼻子里一阵刺激，它猛烈地打了一个喷嚏，将老鼠射出好远，老鼠被摔个半死。

半天，老鼠才从地上爬起来，它忍着浑身剧烈的伤痛，对前来探望它的同类们说：要记住我的惨痛教训，得饶人处且饶人！

生活中，我们常常看到一些人像老鼠一样，小肚鸡肠，得理不让人。倘若是重大的是非问题，自然应当不失原则地论个青红皂白，甚至为追求真理而献出生命。但是，在平常的生活和工作中，我们往往只是为一些非原则性的小问题，为了一些鸡毛蒜皮的小事而睚眦必报，结果不外乎弄得两败俱伤，以至于好朋友之间因为一句无伤大雅的闲话争得面红耳赤，大伤感情；邻里之间因为孩子的吵架导致大人大打出手，老死不相往来；夫妻之间因为家庭琐事分道扬镳，如此等等，不一而足。其实，得饶人处不

饶人，结果往往只会害了自己。

其实，我们完全不必把事情做得太绝，得饶人时尽管放人一马，宽容别人其实也就是宽容自己，给别人留条后路也是给自己留条后路。

宋代有一个大臣，名叫吕蒙正，他向来以胸怀宽广、气量宏大著称，颇具大将风度。每当遇到有人意见与自己相左时，他必定以委婉的比喻来动之以情，晓之以理，不仅赢得了皇帝的信任，满朝文武都对他赞赏有加。

吕蒙正初次进入朝廷那会儿，有一个官员觉得他没有什么功绩，当着他的面责问道："这个人也可以当参政吗？"

吕蒙正权当自己没听见，一笑了之。

他的同伴倒是气不打一处来，为他愤愤不平，要质问那个官员叫什么名字。吕蒙正马上制止道："一旦知道了他的名字，就一辈子也忘不了，倒不如不知道的好。"

当时在朝的官员无不对吕蒙正的为人大为赞赏，均佩服他的豁达大度。后来那个官员自己也认识到自己的错误，亲自登门致歉，双方结为好友，互相扶持。

我们为人处世，时时处处想到为自己留有缝隙，不仅可以显示自己的君子风度，同时也是一个人博大胸襟和深厚修养的表现。

给别人留余地，其实就好似给自己留余地。与人玫瑰，手留余香。

不让别人为难，多为自己留条路；让别人活得轻松，自己也将活得潇洒，这正是做人要留有缝隙的妙处。

对人待事要心态平和

平和是一种良好的心理状态，是一种生活美德，秉持平和心态的人，总是能妥善地对待世间的人与事，既尊重了自己的自由，又能给予别人适当的空间，这也是"看清看透不看破"的要义。

日常生活中，很多时候我们都有可能不公平地对待他人，也有可能受到他人的不公平待遇，这是社会现实。如果过多沉醉于那些公平的思考会使我们背上沉重的"渴求平等"的包袱，就会产生消极的情绪，从而完全演变成为一种对生活、对自己的苛刻。因此，面对生活中的不公平，我们需要用一种平和的心态去对待。

叔本华说过："对每一件外在不幸和内在困扰，最有成效的慰藉就是去发现那些比我们更不幸的人。而且在任何地方都可以做到这一点。"事实上，我们在生活中遇到的不顺，受到的不公平时有发生，就看我们用什么样的心态去对待了。

这个世界不是根据公平的原则而创造的。譬如，鸟吃虫子，对虫子来说是不公平的；蜘蛛吃苍蝇，对苍蝇来说是不公平的；豹吃狼，狼吃獾、獾吃鼠、鼠又吃……只要看看大自然就可以明白，这个世界并没有公平。飓风、海啸、地震等等都是不公平的，公平是神话中的概念。人们每天都过着不公平的生活，快乐或不快乐，是与公平无关的。其实，只要我们换一种方式去看人生，

就会发现在这个世界上，一切都是公平的。换言之，也就是你究竟如何看待事物或不平等的事情了。

小涵上高中的时候，班里从外地转来一位女同学，她的名字叫孔祥春，她的到来，打破了小涵从来都考第一名的神话，两个女孩开始较上了劲儿。

不久后，小涵发现，孔祥春不但成绩好，性格也开朗活泼，学校有什么唱歌、演讲等活动，她总是积极参加，表现都很出色。而且小涵还隐隐听到同学议论，说孔祥春的爸爸就是新调来的孔副市长，是这个城市理所当然的公主。想到自己开杂货店的父母，小涵不禁有些伤心，她知道，自己从家庭到个人表现，比孔祥春总是差着一截。于是小涵加倍努力，把时间都用在学习上，功夫不负有心人，高考后她非常顺利地考入北方一所著名的工科大学的应用化学专业，孔祥春发挥却有些失常，只进了一家师范学院的外语系。直到此时，小涵才暗暗地松了一口气。

但是上帝却偏偏和世人开玩笑似的，毕业之后，因为专业太冷门，再加上个人性格的原因，小涵的工作并不好找，最后勉强在一家公司的技术部门做了名小职员，所学的东西用不上，每天只是打杂跑腿而已。孔祥春却是天生的幸运儿，她一毕业，就凭着一口流利的英语和出色的形象，当上了省电视台的少儿节目的主持人，成为一颗引人注目的新星。同学聚会时，她挽着英俊儒雅的丈夫一起出场，让众多的女同学羡慕不已。

小涵从小就是一个心高气盛的女孩，在与孔祥春的对比中，她一次次受到深深的打击，心情非常糟糕。一个偶然的机会，她在电台上听到一个心理辅导的节目，忍不住拨通了电话。听了小涵的倾诉，声音平和悦耳的女主持告诉她："你一直在追求一种虚幻的完美，越是难以达到，越是不懂得放弃。你为什么总是盯着身边最幸运的人，与她比较呢？今天你已经大学毕业，有稳定

的工作，有广阔的前途，年华正好，身体健康，你多年的努力，已经得到了回报啊！"小涵一时无语，突然意识到，孔祥春的阴影，正是自己多年的枷锁，自己单向地比来比去，人家可能根本只当小涵是一个普通的同学，想一想，真是没有必要。把注意力放回自己身上之后，小涵发现，可做的事情其实很多，幸福其实一直都在触手可及的地方。

天下之事，很难有完全尽如人意的，所以我们一定要学会用平和的心态来对待万事万物。倘若不这样，什么事情也不能让自己满意，于是日日难熬，年年难过。我们即便是和不喜欢自己的人在一起时，也要大方地付出自己的真诚与智慧，以求问心无愧。当然，倘若知道对方来者不善，我们自然要注意少同他来往。这就是我们处世高人一筹的秘密。

在这个世界上，"道有道法，行有行规"，为人处世也不例外，用平和的心态来对待人和事，其实也是符合自然法则的，维护这个世界存在的根基，既不是公平也不是竞争，而是平衡。所以说：平和做人是跨进成功之门的钥匙。

第二章
病从口入，祸从口出
——说话要懂得"留三分"

常言道："病从口入，祸从口出。"可见，言语谨慎，对一个人的为人处世具有极其重要的意义。好人好在心上，坏人坏在嘴上，那些看到什么就说什么，想到什么就做什么的人，即使才华横溢也不能算是一个有智慧的人。这种人不懂得为人处世的艺术，口无遮拦是他们的致命伤。而真正聪明的人却能够管住自己的嘴，懂得"话到嘴边留三分"的道理。

话到嘴边留三分

为人处世中，如果想为自己赢得赞誉的话，就不应该让别人看出我们有多大的智慧和勇气。让别人知道你，但不要让他们了解你；没有人看得出你的才能，也就没有人对你感到失望。让别人猜测你，甚至怀疑你的才能，要比显示自己的才能更能获得崇拜。你要不断地培养他人对你的期望，不要一开始就展示你的全部所有。

隐瞒你的力量和知识的诀窍是要胸有城府、受辱而不惊。也就是说，当别人侮辱自己的时候，能够有克制情绪，而不马上觉得自己丢了脸、失了面子，因此火冒三丈、恼羞成怒，抱着一种"人不犯我，我不犯人；人若犯我，我必犯人"的心理，大打出手、破口大骂，非要把面子争回来不可。在这种情况下，"不惊"首先是心平气和地接受这一事实。至于以后如何，等等再说。

那么，话到嘴边，要留住哪"三分"呢？

其一，留住自以为是的见解。人们都是根据有限信息进行思考并形成想法的，在信息残缺不全时，会形成偏见。加上感情倾向与情绪作用，会使自己的见解偏得更厉害。正如索罗斯说："我们对世界的所有认知都有缺陷，因为我们无法透过没有折射作用的棱镜看待这个世界。"

虽然每个人的想法都带有偏见，但掌握信息较多、比较理智、能有效克服情绪的人往往意见更正确，至少更令人信服。因为在一些人中，大家的见解都超不过他的见解。你看那些经验丰富的领导人，当别人进行热烈的讨论时，他却坐在那里一言不发；等别人把想说的话都说完了，他再发表意见，一开口就语惊四座，让大家都觉得自愧不如。其实，他在保持沉默时，并非没有想法，只不过能隐忍不言而已。当他听完所有人的讨论后，掌握的信息已经比别人多了，在此基础上形成的想法，自然胜过所有人。

其二，留下对别人不恰当的批评和指责。所谓不恰当，有多种含义：如果你看错了现象，误会了人家，批评和指责无疑是不恰当的。假如对方确有挨批的理由，是否批他，还得另当别论。

比如，你这样做，是否对他确有帮助？是否会加深误会激化矛盾？另外，如果对方已经意识到了自己的错误，并有改正的倾向，就没有必要对他严厉批评了。

当你确定批评他是必须而且有用时，点到为止即可，把多余的废话咽回去。你也许有幸挨过一些领导的批，那些被你认为涵养好的人，总是含羞答答地说那么一句半句，好像很难为情似的，"你这么大的人了，真不方便说你"。正因为这样，给你的印象反而特别深刻。

其三，留住毫无价值的牢骚。生活本来就是不如意的事要占很大比例，你到哪里去找一个圆满的世界？已经吃到肚子里的东西，无论米谷糟糠，总是要自行消化的，岂能吐出来让别人心情难受？抱怨通常没有价值，只有一种例外：你想让某人知道你的想法，却不便当面说，想让眼前这个喜欢饶舌的人带话过去。

其四，留下不着边际的废话。为说话而说话，把东家长西家短的都搬出来当谈资，讲完了也不知道自己到底说了什么，这无疑是废话。那又何必要说？那又何必说太多？

古语云：君子三缄其口。又云：不得其而言，谓之失言。如果你不能确定自己说的话对人对事有益无害，或者利多害少，那么不如不说。

话要三思而后说

凡事三思而后行，考虑缜密，再落实到具体行动中去。从目的、过程、细节、可能面临的困难、应对策略方面都要考虑周全，然后以谨慎的行动，去努力实现理想中的结果。

计划不如变化快，在实施的过程中，也需与时俱进，应时而变，及时调整方法策略，而不能墨守成规，一成不变。那就是保守主义了。

每做一件事情，都需如此，而我们一天中做不了几件事，却可以说成百上千句话。不但做事情要深思熟虑，说的每一句话，也需仔细斟酌，三思而后说，切忌不假思索，随口而出。有时根本不知自己的本意，却被人误解，或者留下很不好的印象，给人以轻率的感觉。

人活在世上，最多的行为大概便是说话了。人活一辈子总共要说多少话，没有谁统计过，大概也很难统计出来。话说得多，其分类也就特别多：真话、假话、好话、坏话、大话、小话、实话、虚话、空话、闲话、废话、神话、鬼话、官话、套话、笑话、

胡话、瞎话、黑话、行话、梦话、谎话、丑话、怪话、反话、戏话、情话，然而话的种类虽多，属于褒义的却并不多。这也从一个方面说明了虽然人整天都说话，然而真正有用的话却不是很多，无用的和有害的话倒是不少。

说了一些伤害别人的话，有人常以"有口无心"求别人原谅。"有口无心"固然可以原谅，然而伤人难免会令人不快，甚至会影响到与他人的关系。夫妻之间、恋人之间更要注意。

静是家中的独生女，从小就被家里人护着宠着惯着，因而说话的时候，从来都不知为别人考虑，常常不假思索，脱口而出。谈恋爱时，一遇到不顺心的事，她就冲男朋友喊："分手吧!"开始，男友笑着哄她，容忍她，到最后她再说这句话时，男友就看她几眼，然后转身离开。静更加恼火，冲着他的背影大声喊："你再也别来见我，我不想看到你!"几次三番，等静发觉到不对劲时，男友已经有了新的女友，而静还不知男友的离去究竟为何。她找上门去"兴师问罪"，昔日男友疼惜地望着她，说："以后再谈恋爱，别动不动就说'分手'二字了，太伤人心了，要珍视你们之间的感情。"静瞪大了眼睛："我只是说说而已，心里并未真地想分手。"男友看着她："假作真时假亦真，谁知道你心里到底是怎么想的?"到这份上，静真是百口难辩，只有流着泪怅然地离开。

下面有一则现实生活中的例子：琴的丈夫下岗一个多月了，到处找工作都无着落，心情郁闷，恰好这时岳父又有了病。琴回到家看到躺在床上一声不响的丈夫就来气了："你就知道吃饱饭躺在床上，成天无所事事，还不如没你，我也落个眼净。"说者无意，听者有心，丈夫猛地坐起来："怎么，嫌弃我了，看我挣不到钱养家了是不是? 我不吃你的饭还不成!"说完拔脚出了门，好几天不见人影。琴也害怕了，到处打电话寻找，差点报了警。最

后还是丈夫的一位朋友告诉了她丈夫已外出打工的消息。琴又急又悔，他连一分钱一件衣服都没带，到那儿可怎么生活呀！

中国曾有"君子不失足于人，不失色于人，不失口于人"的古训。说话是我们与人交流的最重要途径，但若出言不逊，舌头也能"杀"死人。不管恋人还是夫妻，在心情欠佳时，特别要注意话到嘴边留三分，决不能图一时解气，不顾前思后地随口就说，过后又后悔莫及。为了两人的感情、家庭，还得处处做个有心人——有口，更得有心。

口舌之快害人害己

一言可以兴邦，一言可以乱国。说话其实比做文章难，做文章，可以细细推敲，再三订正；读文章，可以细细品味，详加研究。但说话就不能这样了，一言既出，驷马难追。所以与人说话时一定要特别留神，不可随便开口，不可为了逞口舌之快而误了大事。

有位先生开着跑车在高速公路上飞驰，眼看天色近黄昏，可是前不着村，后不着店。正着急的时候，看见一位老汉慢悠悠地在路上走着，他便停下车，在车里对老汉喊道："喂！老头儿，我问你，这儿最近的旅馆有多远？"

老人头也没抬，闷声闷气地说："五里！"

年轻先生便开车疾奔，结果一口气往前跑了十多里地，还没有看到旅馆，他当时愤怒异常，心里想这老头儿真不是个好东西，年纪一大把了，却说谎骗人，他非得回去教训这个老头子一次不可。

一边想着，他一边又回味老汉的话："五里、五里，什么五里！"突然间他醒悟过来了，这个"五里"，不就是"无礼"的意思吗？于是年轻人立刻调转车头往回赶。追上了那位老汉，下了车，并非常恭敬而亲热地叫声："老大爷……"他的话没说完，老人就笑呵呵地说："旅馆已走过头了，往后走一里右转就有一家。"

当你生气了，要开口教训人时，先考虑一下，问题是否出自自己的身上呢？在这个故事中，高傲的年轻人因为一开始就对老人不礼貌，连一个得体的称呼都没有，走错了路，实在是他自己的问题。要是他没有考虑一下就又劈头盖脸地回过头对老人"教训"一顿，估计他那天是别想找到旅馆休息了。

在我们的生活中，总能看到一些口若悬河、高谈阔论的人。他们总是炫耀自己的才能多么的出众，如果能按他说的计划实行，必然能成就一番大事。而且，这些人以为自己有一副好口才，就处处言辞激烈逞口舌之快，最终害人害己。

罗马执政官马西努斯围攻希腊城镇帕伽米斯的时候，由于城镇城高墙厚，士兵们死伤惨重却仍然未能攻占这座城镇。最后，马西努斯发现城门是最薄弱的环节，于是打算集中兵力猛攻城门，但要攻打城门就必须要用到撞墙槌，当时军中并没有这种器械。马西努斯想起几天前他曾在雅典船坞里看过两支沉甸甸的船桅，就马上下令把其中较大的一支立刻送来。

然而，传令兵去了多时，桅杆仍未拿回。原来是军械师与传令兵发生了争执。军械师认为短的那根桅杆才能真正发挥作用，不但攻城效果比长的那根要好，而且运送起来也方便，他甚至花了不少时间画了一幅又一幅图来证明自己的专业，而传令兵则坚持执行命令，既然上司要长的桅杆，他的任务就是把长桅杆送到上司面前。

面对军械师喋喋不休的说辞，传令兵不得不警告他，他们的领袖是不容置疑的，他们了解领袖的脾气，军械师终于被说服了，他选择了服从命令。在士兵离开以后，军械师越想越觉得自己的想法是正确的，他觉得服从一道将导致失败的命令是毫无意义的，于是，他竟然违抗命令送去了较短的船桅。他甚至幻想着这根短桅杆在战场上发挥功效，使领袖不得不赏赐他许多战利品以赞扬他的高明。

马西努斯见送来的是短的那根桅杆很生气，马上召来传令兵，要他对情况作出合理的解释。传令兵忙向他汇报说军械师如何费时费力地与他不停争辩，后来还承诺要送来较长的桅杆。马西努斯对这名军械师的自以为是深感震怒，于是，他下令马上把这名军械师带到他面前来。

又过了几天，军械师才到达，他没有察觉到领袖的震怒，反而为能够亲自向领袖阐述自己的正确理论而扬扬得意。他仍然以专家自居，滔滔不绝地说了许多专业术语，并表示在这些事务上专家的意见才是明智的。马西努斯见军械师仍然不改其说大话的老毛病，十分生气，立刻叫人剥光他的衣服，用棍子活活将他打死。

这名军械师可能至死也没有搞懂自己错在什么地方，他设计了一辈子的桅杆和柱子，还被推崇为这方面最好的技师，凭他的经验，他知道自己是对的，因为较短的撞墙槌速度快、力道强，更适合攻城。但他可能永远也没办法想通，在他费尽口舌向统帅解释了大半天之后，为什么领袖仍然坚持他的无知呢？

在现实生活中随处可见像军械师这样的好辩者。他们不了解言辞从来都不是中立的，或多或少总带点偏向性。有些人是天生的辩论狂，太过于争强好胜了，整天只知要与比自己地位高的人争辩，或总是找机会责难比自己有权有势的人的聪明才智，他似乎已经忘记面对的是什么人物。面对这些人物，徒逞口舌之快是毫无用处的，他只要说一个字就能封住你的嘴，因为权势掌握在他手里。

许多人都相信自己才是真理的拥有者，为此，他们常常争论不休，但他们却不知道，言辞是很苍白无力的，它很少能说服他人改变立场，就算是口若悬河的诡辩家也挽救不了自己的命运。所以说，逞口舌之快是毫无意义的，不但不能改变别人的立场，反而把自己逼上绝路。一个明智的人应该学会以间接的方式证明自己想法的正确性。

不可触碰他人的隐私与短处

暴露自己的隐私，对任何人而言，都不是令人愉快的事。不去提及他人的弱点和隐私，也是我们待人应有的礼仪。尤其是别人身体上的缺陷，我们千万不要用侮辱性的言语去进行攻击。

《韩非子·说难》篇中曾对龙作了如下描述：龙的性情非常柔顺，人们可以和它亲近，甚至可以把它作为自己的坐骑。然而，

它的喉下有一块长尺许的逆鳞，如果有人触摸了它，那么它必然会发怒，以致伤人致死。

其实，岂止龙有自己的忌讳之点，世界上每一个人都有自己的忌讳，也就是常说的"短处"。鲁迅笔下所描绘的阿Q、孔乙己、祥林嫂都是我们大家所熟悉的人物，他们虽然性格各异，但在他们身上却有一个共同的特点：那就是都有一处最怕人触动的"短处"。阿Q最怕的就是有人说他头上的疤，谁要是犯了这个忌讳，他准会去找人家拼命，小D就曾为此领教过他的拳脚。孔乙己最怕人揭他的短，揭了他的短，他便涨红了脸，强词夺理、竭力争辩。祥林嫂的忌讳是她曾嫁过两个男人，这是她精神上最大的负担和面子上最大的耻辱，她捐过门槛后，本以为自己变成了干净女人，动手去拿供品，但四婶的大喝，使她旧病复发，精神崩溃了。

人们之所以有忌讳，怕别人揭自己的短处，说到底是自尊心问题。怕脸面上过不去，所以，你若想获得朋友，就一定不要触动他们的短处，就要懂得话藏半分的艺术，否则你丢失的可能就不仅仅是这样一个朋友，甚至有可能丢掉了自己的性命，此时你将追悔莫及了。

明太祖朱元璋出身贫寒，做了皇帝后自然有许多昔日的穷哥们儿到京城找他。这些人满以为朱元璋会念在昔日的情分上，给他们封个一官半职。谁知朱元璋最忌讳别人揭他的老底，以为那样会有损自己的威信，因此对来访者大都拒而不见。

有位朱元璋儿时一块长大的好友，千里迢迢从老家凤阳赶到南京，几经周折总算进了皇宫。一见面，这位老兄便当着文武百官的面大喊起来："哎呀，朱老四，你当了皇帝可真威风呀！还认得我吗？当年咱俩可是光着屁股玩耍，你干了坏事总是让我替你挨打……"

　　这位老兄还在那喋喋不休唠叨个没完，宝座上的朱元璋再也坐不住了，心想此人太不知趣，居然当着文武百官的面揭我的短，让我这个皇帝的脸往哪搁。盛怒之下，朱元璋以冒充为由下令把这个穷哥们给杀了。

　　这就是揭了皇帝短处的下场！

　　其实无论是对皇帝还是普通百姓，谁都不愿意自己的短处被他人揭露出来，在如今这个面子比什么都重要的社会里，我们也就应该懂得话藏半分，不揭他人短的艺术，否则最终受到伤害的将不仅仅是朋友的面子，在很多时候可能更会让你自己踏入他人言语上的雷区，让你失去了更多的人脉。那些不能够管住自己嘴巴的人，到最后所得到的将会是他人的厌恶，如朱元璋的那个朋友，就因为忍不住揭人短而最终失去了自己的性命。同样在如今的官场中，其实就与朱元璋的情景相似，作为一个有权有势的人谁都不会希望自己的面子在他人面前不保，谁都不希望自己的短处被别人披露，不希望自己成为一个赤裸裸的人站在别人面前。因此在官场中，如果想让自己的官运一直亨通的话，就要懂得话藏半分的艺术，就要懂得适时忍住自己随时张大的嘴巴，只有这样，才不会让自己在不经意间惹怒了他人，不至于触犯到对方的隐私和痛处，犯对方的忌讳，给对方造成一定的伤害。

　　小李长得高大英俊，在大学校园内有"恋爱专家"的雅号。如今他是一家外资公司的高级职员，英俊的长相和丰厚的薪水使他在众多的女友中选上了貌若天仙的丽。也许是为了炫耀自己的能耐，小李带着丽去参加朋友聚会。

　　就在大家天南海北闲谈的时候，"快嘴王"换了话题，谈起了大学校园罗曼蒂克的爱情故事，故事的主人公自然是"恋爱专家"小李。"快嘴王"眉飞色舞地讲述小李如何引得众多女生趋之若鹜，又如何在花前月下与女生卿卿我我。丽开始还觉得新奇，

但越听越不是味，终于拂袖而去。小李只好撇下朋友去追丽。

"快嘴王"不是有意要揭小李的伤疤，但他的追忆往事确实使丽难以接受，无端捅出娄子。这不仅使小李要费不少周折去挽回即将失去的爱情，而且使在场的人心里也不太高兴。

在朋友聚会时，捡愉快的事说是活跃气氛的好办法，但口下留情很重要，千万不要揭别人的伤疤，否则，你就会成为不受欢迎的人。说话应该谨言慎行，给语言的刀子加上一把鞘。

任何人都不愿别人提及自己不光彩的往事或是生理上的缺陷，如果你拿这些不光彩的事情和生理缺陷来攻击对方，如同在别人伤口上撒盐巴，无论谁都很难忍受，你让别人受到伤害，别人就会反过来伤害你，这种两败俱伤的情形，谁也不愿看到。

有这样一则寓言：说有位樵夫救了一只小熊，母熊对他感激不尽。有一天，母熊安排丰盛的晚宴款待了他。翌日早晨，樵夫对母熊说："你款待得很好，但我唯一不满意的就是你身上的那股骚臭味。"母熊虽怏怏不乐，但嘴上却说："作为补偿，你用斧头砍我吧。"樵夫照它的话做了。若干年后，樵夫又遇到母熊，问："你头上的伤好了没有？""那次痛了一阵子，伤口愈合后，我就忘了。不过，那次你说的话，我一辈子也忘不了。"母熊回答说。

的确，没有人能彻底忘掉别人对自己的侮辱，即使那个人曾经有恩于他，或者他们曾经是好朋友，所有这一切，都无法弥补你在语言上对他人造成的伤害。

不能拿朋友的缺点开玩笑。不要以为你很熟悉对方，就随意取笑对方的缺点，揭人伤疤。那样就会伤及对方的人格、尊严，违背开玩笑的初衷。

现实生活中，是是非非的人情世故，大部分人都在说话中演绎着。这个世界上每个人都有弱点和缺点，然而这些弱点和缺点，

一旦从别人的嘴里说出来的时候，就很快成了一个人的短处和隐私。这也是人际交往中的大忌。

人与人之间的关系是非常复杂的，局外人也往往难以真正知道事情的真相，即使知道一些皮毛，也并非可靠，何况另外还有许多隐衷非外人所知？

在社会上有些人惟恐天下不乱，每一天都在兴风作浪，把别人的短处和隐私，把人际间的是是非非编排得有声有色，夸大其词地逢人就说，不知由此种下了多少怨恨的种子。假如遇到这样的人说某某人的短处时，我们唯一的办法是听了就算，像别人告诉我们的秘密一样，三缄其口，不可做传声筒，并且不要深信这片面之词，更不必记在心上。如果贸然把听到的片面之言宣扬出去，十有八九是颠倒是非、混淆黑白。说出的话就像泼出去的水，再也收不回来。当我们明白自己说错时，难道我们还能把话从别人的耳朵里掏出来吗？

回答他人请求时须有分寸

我们在回答别人的请求之前，最好在心里事先打好腹稿，列出纲要，免得临时遗漏或说错话。在说话开头，一定要先定一定神，态度从容，双眼注视着对方，表现出诚恳的神情，然后再把想好的话从容地说出口。在说话时，也不要不经大脑地随意打断

别人的发言，并应注意对方是否赞成你的意见，还是不以为然，据此来随时调整你的说法。这时，如果你发觉对方露出不愿意多听的神情，你就应该设法结束话题；如果对方有疑问，你就该多作解释；如果他乐于接受你的见解，你就应单刀直入，不要再绕圈子；如果你觉得他有要插话的样子，你就该请对方发表自己的意见。对于他的答话，你应特别注意，特别留神。

我们回应别人的请求时应用头脑，仔细斟酌。例如，同样一个"喔"字，就有许多不同的表示。"喔。"是表示知道了，并赞成对方的观点；"喔！"则是表示惊奇，表示自己对于对方的观点非常震惊或获得了莫大的启示；"喔？"是表示疑问，是表示不太赞成或有疑问。"好的，就这样吧。"这就是完全接受；"好的，以后再谈吧！"这表示不肯接受："好的，等我研究研究。"这表示原则上可以同意，但具体办法还须讨论；如果说："好的，你听我的回音。"这是表示肯帮忙；"好的，我替你留意。"这是没有把握的表示；"好的，我替你想办法。"这是肯负几分责任的表示。

我们对人回答，应该有个分寸。认为对的，就回答他一声"很好"；但若自己认为不对，就回答他："这个问题很难说。"自认为是可以办到的就回答他："我去试试，但成功与否不敢肯定。"自认为办不到，就应回答他："这件事太困难了，恐怕没多大的希望。"总之，不要说得太肯定，太肯定的回答，最易造成不太愉快的后果。一切的回答，必须过一下大脑，深思熟虑后再回应别人。

回答时最好留些回旋的余地，万一临时不能决定，你可以回答对方："待我考虑后，再答复你吧！"或者说："待我与某某商量后，由某某答复你吧！"前者是表示接受与不接受各占一半，后者的表示则多数是婉言拒绝。如果对方唠叨不停，你不想再听下

去，也有几个方法可以应付，你可以讲些其他无关紧要的话，转移目标；也可说："好的，今天就谈到这里吧。"然后立起身来，说声"对不起，再见！下次再聊"。对方自然会中止谈话，离开你那里。

如果对方是一个喜欢刺探你的意思的人，往往会迂回曲折，中间插入一句关键的话，希望你暴露真情。你如果不愿意透露自己，应该特别留神那句主要的话，设法避过去，或者故意当作没有听见，抑或是含糊其辞，以"不便奉告"的态度，来阻挡他不断的进攻。

此外，我们在宿醉未醒时，不要见客；盛怒之后，不要见客。因为醉时容易说错话，泄漏秘密；怒后容易迁怒来客，无端得罪人。人与人之间好感难得，恶感易成，所以与人对话时，必须谨慎，用清醒的头脑应对是与人交谈的基础。

我们要有清醒的头脑，说话时要用头脑，回应别人的请求时要经过大脑。要成就人见人爱的好人缘，就清醒地考虑过后，再巧妙地回应别人的请求吧！

在人际交往中，我们还经常遇到一些难以回答、不愿意回答或者不便回答的问题。如果坦白地说一声"无可奉告"、"不知道"不仅将破坏气氛，使对方难堪，还显得自己没风度、没水平，也没有涵养。这时，最巧妙的办法是使用无效回答、巧妙回避。

我们对于难以回答的问题，不要马上给出具体答案，可以采取无效回答的方式争取时间。所谓无效回答，即用一些没有实际意义的话来做些实质性的回答，答了等于没答，推诿搪塞，而别人又不能说没答。譬如：

秦先生遇到李小姐："喂，小李，听说你病了，什么病？"

"不是什么大病。"

"究竟是什么病？"

"一点小病。"

显而易见，秦先生可能是真的关心李小姐，但却失礼，两性间毕竟是有忌讳的。在这种情况下，李小姐机警地做了无效回答，就比较得体。

生活中，回避回答用得较多的词是"不清楚"、"没确定"、"没什么"。

"喂，听说你们老板交桃花运啦？"

"不清楚呀。"——好事者无可奈何。

回避回答的方法和策略多种多样，会说话的人可以参考如下五种：

（1）守势的含混回答。我们若不能正面回答对方的责难，那就消极抵抗。承诺给自己一个时间限制，譬如：我需要好好考虑一下，下午给你答复。将回答缓后，给自己充足的时间，也让他人明白，这个问题确实为难你了。

（2）积极的答非所问。譬如一位翻译小姐到澳大利亚工作时。澳大利亚人问她："你爱澳大利亚吗？"这位女士觉得答"爱"与"不爱"都不合适，便答道："澳大利亚的袋鼠真可爱。"这类转移答复可以用于回答那些不便于具体肯定与否定的问题。

（3）歪答。一些荒唐或者强人所难的问题，我们有时不必硬着头皮去找正确答案，不妨偷换概念，或者将"错"就"错"。歪打正着也许会取得好的效果。譬如，一外国人责难中国人，问中国有多少厕所，答："两个，一个是男厕所，一个是女厕所。"回答违反常情的提问，我们可以适时发挥自己的小聪明，巧妙地把问题甩给别人。

（4）直接地回避。我们其实也不要害怕直接说出对方不得不承认的避答理由，这样双方均不难堪。譬如，一位外国记者在中央美术馆与大家谈"女模特儿具有为艺术献身精神"的话题时，

突然问其中的一位女画家："假如让您当人体模特儿，您是否愿意呢？"公开说"愿意"吧，对一个青年女性确非易事；说"不愿意"呢，又是自己打自己的嘴巴。于是，女画家直接回答说："这是我的私事，不在采访之列吧？"自然而又有理地让自己解脱了窘境。

（5）诱导对方自我否定。譬如罗斯福被朋友问到军事机密的时候，悄悄对朋友说道："你能保密吗？"朋友脱口而出："能。"罗斯福马上接过话说道："我也能。"显然，罗斯福巧妙地设计了一个圈套，诱导对方说出自己不想回答的原因，而表面上又确实给出了回答。

我们回避回答看起来多带消极色彩，实际上是处于积极的守势，柔中有刚，守中有攻。此外，我们对于自己难以回答的问题采取回避的方法进行回答，需要机智，也可以尽量坦白表示自己的难处，留心学习，灵机应变，其实并不难把握。

阴者勿交，傲者勿言

古语云："遇沉沉不语之士，且莫输心；见悻悻自好之人，应须防口。"意思是说：遇到阴沉冷漠、沉默寡言的人，千万不要推心置腹表露真情；见到怨恨失意、傲慢自好的人，应该小心谨慎防止祸从口出。

因为人的表情往往是内心世界的反映，每个人有每个人的习惯、个性，表现出来的方式也不一样。俗话说："咬人的狗不叫，叫的狗不咬人。"一个表情冷酷沉默寡言的人，虽然不一定绝对不是坏人，但是这种人必须对他多存戒心，假如你推心置腹把什么都告诉他，事后他可能用作把柄来对付你。

人立身于社会，不可避免地要与他人接触。但人性有善有恶，谁都无法保证自己终其一生只会遇上好人。所以与人往来，在对对方的为人品行还不甚了解的时候，就必须处处多加提防，以免误将心地险恶的歹徒当成可以坦诚相交的朋友，以致深受其害而悔不当初。在此提出"遇沉沉不语之士，且莫输心；见悻悻自好之人，应须防口"的建议，原因在于一个表情冷酷而沉默寡言的人，其城府深不可测；虽然未必是坏人，但也难保日后他不会拿你说过的话来对付你；而对于高傲且自以为是的人，也必须多存戒心才是。

总之，如何让自己存与人往来时不遇挫折，观人之术或许有助于作出恰当的判断，但准确与否就有赖个人的智慧与人生阅历了。

"逢人只说三分话"

"逢人只说三分话，不可全抛一片心。"你的心事不要随便说出来，当别人完全了解了你内心的想法后，你的脆弱或缺点就会暴露无遗。这样你就失去了神秘感，时间久了不仅让人感觉无味，而且很容易泄露你或他人的一些重要秘密。

许多人都有这样的毛病：肚子里搁不住心事。有一点点或喜或怒的小事，就总想找个人说说；更有甚者，不分时间、对象、场合，见什么人都把自己的心事向人家倾诉。

其实这也没有什么不对，好的东西要与人分享，坏的东西也不能让它沉积在心里，要说可以，但不能"随便"说，更不能对谁都说。因为你每个倾诉对象都是不一样的，就算朋友还分三六九等呢！说心里话的时候一定要有"心机"，该说则说，不该说千万别说。

处理心事要这么慎重，是因为心事的倾吐会泄露一个人的脆弱面，这脆弱面会让人改变对你的印象，虽然有的人欣赏你"人性"的一面，但有的人却会因此而下意识地看不起你，最糟糕的是脆弱面一旦被某些居心不良的人掌握住，就成为双方争斗时的你的软肋，这一点你必须提防。

另外，有些心事带有危险性与机密性，例如你在工作上承担

的压力与牢骚，你对某人的不满与批评，当你很痛快地倾吐这些心事时，有可能他日被人拿来当成修理你的武器，你是怎么吃亏的，连自己都不知道。那么，对好朋友应该可以说说心事吧！答案还是：不可随便说出来。你要说的心事还是要有所筛选，因为你目前的"好"朋友未必也是你未来的"好"朋友，这一点你必须了解。

任何人，若能在保守秘密这个问题上处理得当，就不会因泄露秘密而把事情搞得复杂化，或者陷入于己不利的境地，从而使自己保持着良好的个人形象，成就一番事业。

当你和别人共同拥有一个秘密时，你往往会因这个秘密同对方拴在了一起。这对你灵活机动地处理事情是一个障碍，在处理一件事时，你往往要考虑他的利益，这往往使你做出违背原则的事。同时，对方可能会在关键时刻，拿出这个秘密作为武器回击你，让你在竞争中失败。

即使是对家里人，也不可把所有的心事说出来。假如你的配偶对你的心事的感受与反应并不是你能预期的，譬如说，他因此对你产生误解，甚至把你的心事也说给别人听。

但是我们所说的见人只说三分话，并不是让你闭紧心扉，心事"滴水不漏"，这样你就成为一个城府深，心机沉，不可捉摸与亲近的人了。

所以聪明的人在交谈时，会把局势扭转到对自己有利的一方。说说无关紧要的"心事"给周围的人听的同时，多听听别人的心事，别人就会因你多听而多说，他说得越多，你知道的就越多！少说，不但可以导引对方多说，还可以避免流露自己的内心秘密，一切的一切，都在你的掌握之中。

常点头，这并不是要你做个没有主见的应声虫，而是避免成为别人眼里不合时宜的人。也就是说，听别人说话时，多点头，

表示你在专注与附和，如果有不同意见，也要先点头再提出，然后顺着对方的思路说出自己的观点。对于无关紧要的事，不必过于坚持己见，多点头就可以了。

不把自己的秘密全盘地告诉给对方是处世的潜规则。不要亲手为自己埋下一颗"炸弹"。

谈话时要善于察言观色

掌握忍的艺术的人在未明白别人的意图时绝不随便说话，而且在谈话时尽量不涉及别人的避讳，他们懂得理解别人，尊重别人，尽量避免给别人带来不愉快。

在一次宴会上，某人向邻座的太太讲起了某校长的秘密事，同时表现出对那位校长卑鄙行为的大为不满，并大大地说了一堆攻击的话。

直到后来，那位太太才问他道："先生，你认识我是谁吗？"

"很抱歉，我还没请教你贵姓。"他回答道。

"我是你说的那位校长的妻子！"

这位先生窘住了，但隔了一会，他却凛然地问道："那么，你认识我吗？"

"不认识。"那位太太摇头作答。

"哦，还好，还好！"那人这才如释重负地说道。

这里，那个先生就犯了随便对人说话的毛病，幸亏那位太太不认识他，否则，不仅现场非常尴尬，还可能因说校长的坏话，给自己带来十分不利的影响。

说话是人际沟通的重要内容、是待人接物的工具，为了适应环境的需要，你就得随时讲究说话的艺术，融会贯通才是。同时，要把握听的技巧。绝不在未听懂他人意图之前开口说话，更不可带有情绪去拆别人的台，揭别人的底，因为人人都有自尊心和荣誉。

社会错综复杂，人心难测，若是一语不慎，得罪他人，可能会自毁前程。所以，在未明白他人的意图时，绝不随便说话，但当知道他人的意图时，也要措辞恰当，为了委婉地表达自己的意见而遣词造句，极力避免那些令对方反感的字符的出现。

做人是一门深奥的学问，多一分谨慎，就少一次风险；多一分谦让，就少一次争斗。揣摩他人的心理之后，再委婉相劝，易被人接受。无论你是位高权重的名人，还是一无名小卒，说话时都要善于察言观色，因为"人心隔肚皮"。你不知道谁会在你背后放冷箭，所以只能低调一点。这是为了自保，也是一种处世策略。

学会适时地保持沉默

高调者往往因逞一时口舌之快，而使本可以迅速解决的事情陷入僵局；掌握忍之艺术的人沉默寡言，却可以令诸多问题迎刃而解。因为沉默也是一种利器，它也能让人有所畏惧。

过去，心理学家常常认为我们应该把自己的事情讲出来，告诉别人，但现在人们逐渐发现在与别人的交往中有时更需要忍耐和沉默。

你必须认识到沉默与精心选择的词具有同样的表现力，就好像音乐中心音符与休止符一样重要。沉默会产生更完美的和谐，更强烈的效果。

在商业或私人交际中，无言也许是最好的选择之一。

一个印刷业主得知另一家公司打算购买他的一批旧印刷机，他感到非常高兴。经过仔细核算，他决定以 250 万美元的价格出售，并想好了理由。

当他坐下来谈判时，内心深处仿佛有个声音在说："沉住气。"终于，买主按捺不住，开始滔滔不绝地对机器进行褒贬。

卖主依然一言不发。这时买主说："我们可以付您 350 万美元，一个子也不能多给了。"不到一小时，买卖成交了。

在日常交往中，沉默往往会给你带来益处。，在某些场合，沉

默不语可以避免失言。许多人在缺乏自信或极力表现得礼貌时，可能会不假思索地说出不恰当的话给自己带来麻烦。有时候说话不经思考，即使言者无心，也会产生严重后果。

一天深夜，哈罗德回家时误入隔壁邻居家，他非常窘迫，便自我解嘲地说："我好像听见里面在庆贺什么。"房间里顿时出现了一片尴尬的沉默。事后，哈罗德的妻子告诉他，邻居家的主妇刚刚小产。哈罗德说："现在，即使是情况万分紧急，我也会静思慎言。"

适时地保持沉默不仅是一种智慧，而且也有实际的好处。常言道："沉默不会使人后悔。"一位女士的经验证明了这一点，她说："当我们的第一个孩子出世时，我丈夫由于工作繁忙，对我和孩子疏远了，这样几周以后，我感到筋疲力尽，并想大发雷霆。"

"一天我给他写了封充满怒气的信。然而不知为什么我没把信给他。第二天，丈夫提出要给婴儿换尿布，并且说：'我想我现在应该学会做这些事了。'

尽管我不知道他为什么会改变想法，但还是非常高兴地把信撕了，并暗自庆幸我给了他时间。一场争吵就这样避免了。此后，他一直对我很好。"

人们往往不善于等待，而等待往往是适用于各种情况的一种策略。有时片刻的沉默会产生奇特的效果。

圣诞节后大甩卖期间，玛丽安去退货。柜台前挤满了顾客。玛丽安要求退钱，售货员正忙得不可开交，告诉她衣服售出概不退换，然后就去为其他顾客服务了。玛丽安一声不响地拿着衣服在柜台前等候。

10分钟后，售货员又走了过来，玛丽安面带微笑，依旧在等待。售货员仍然只顾在柜台前忙碌，玛丽安还是沉默不语。又是

几分钟过去了。这时，售货员什么也没说，拿起衣服走了。大约3分钟后，她回来了，而且，还带着钱！玛丽安的耐心和温文尔雅的沉静得到了回报。如果她大吵大闹的话，也许什么也得不到。

当然有时候开口说话也很重要。例如打抱不平、抚慰朋友、消除误解。在这种时候，人们必须开口，但重要的是要找到恰当的话。这时，片刻的沉思能使你说出的话更准确、更有效。

研究谈话节奏的学者们认识到，有张有弛的谈话在人际交往中至为重要。《谈话的艺术》的作者、心理学教授格瑞德·古德罗解释说："沉默可以调节说话和听讲的节奏。沉默在谈话中的作用就相当于零在数学中的作用。尽管是'零'，却很关键。没有沉默，一切交流都无法进行。"

正确的交流由两个方面构成：既被人关注，又关注别人。安静、专心地倾听会产生强大的魔力，使谈话者更加心平气和、呼吸舒畅，连面部和肩部都放松下来。反过来，谈话者会对听众表现得更加温和。

当你发怒、焦虑或自己想大发雷霆时，请你喝上一杯水或是握着自己的双手，然后露出微笑。这种简单的方法或许可以帮助你控制住情感。

不可轻易指责他人

英国作家托马斯·富勒曾经写道："失足引起的伤痛很快就可以恢复，然而，失言所导致的严重后果，却可能使你终生遗憾。"

一个人若想和上司、同事建立良好的人际关系，一定要记住：保持适当距离，做事公私分明，尤其要注意，言谈之间不要说到别人的痛处，更不要轻易指责别人。

弗兰克林年轻的时候不仅善辩，而且十分好辩。只要听到身边的人说出不正确的话，做出不正确的事，他就忍不住要给人指出来。如果那个人不服气，他一定把人辩得体无完肤。结果得罪了不少人。

一天，一位教友会里的老教友把他叫到一边，结结实实地把他训了一顿："弗兰克林，你太不应该了。你打击跟你意见不合的人。现在已没有任何人理会你的意见。你的朋友发觉你不在场时，他们会获得更多的快乐。你知道的太多了，以致再也不会有人告诉你任何事情……其实，你除了现在极有限度的知识外，不会再知道其他更多了。"

弗兰克林之所以能成功，成为美国历史上一位以能干、和蔼和善于外交而著名的人物，要归功于那位老教友尖锐有力的教训。那时弗兰克林的年纪已不小，有足够的聪明来领悟其中的真理。

他已深深知道，如果不痛改前非，将会遭到社会的唾弃。所以他把自己过去所不切合实际的人生观完全改了过来。

后来，弗兰克林在他的传记中这样写道："我替自己定了一项规则，我不让自己在意念上跟任何人有不相符的地方，我不固执肯定自己的见解。凡有肯定含意的字句，就像'当然的'，'无疑的'等话，我都改用'我推断'，'我揣测'，或者是'我想象'等话来替代。当别人指出我的错误时，我放弃立刻就向对方反驳的意念，而是作婉转的回答，如在某一种情形下，他所指的情形是对的，但是现在可能有点不同。不久，我就感觉到，由于我态度改变所获得的益处：我参与任何一处谈话的时候，感到更融洽、更愉快了；我谦虚地提出自己的见解，他们会快速地接受，很少反对；人们指出我的错误时，我并不感到懊恼。在我'对'的时候，我更容易劝阻他们放弃他们的错误，接受我的见解。这种做法，起先我尝试时，'自我'很激烈地趋向敌对和反抗，后来很自然地形成习惯了。在过去五十年中，可能已没有人听我说出一句武断的话来。在我想来，那是由于这种习惯的养成，使我每次提出一项建议时，都得到人们热烈的支持。我不善于演讲，没有口才，用字艰涩，说出来的话也不得体，可是大部分有关我的见解，都能获得人们的赞同。"

弗兰克林的方法，用在商业上又如何？

纽约自由街 114 号的玛霍尼，出售煤油业专用的设备。长岛一位老主顾，向他订制一批货。那批货的制造图样已呈请批准，机件已在开始制造中，可是一件不幸的事忽然发生了。

这位买主跟他的朋友们谈到这件事，那些朋友提出了多种见解和主张，有的说太宽太短，有的说这个那个。他听朋友们这样讲，顿时感到烦躁不安起来，立即打了个电话给玛霍尼，说绝对拒绝接受那批正在制造中的机件设备。

玛霍尼先生说起当时情形：

我很细心地查看，发现我们并没有错误……我知道这是由于他和他的朋友们不清楚制造这些机件的过程才造成的误会。可是，如果我直率地说出那些话来，那不但不恰当，反而对这项业务的进展非常危险。所以我去了一趟长岛。

我刚进他办公室，他马上从坐椅上跳了起来，指着我声色俱厉，要跟我打架似的。最后他说："现在你打算怎么办？"我心平气和地告诉他，他有什么打算，我都可以照办不误。

我对他这样说："你是出钱的人，当然要给你所适用的东西。如果你认为你是对的，请你再给我一张图样。虽然由于进行这项工作，我们已花去两千元。我情愿牺牲两千元，把进行中的那些工作取消，重新开始做起。不过我必须把话先说清楚，如果我们按你现在给我的图样制造，有任何错误的话，那责任在你，我们不负任何责任。可是，如果按照我们的计划，进行制造的过程中如果有任何差错发现，则由我们全部负责。"

他听我这样讲完，这股怒火似乎渐渐平息下来，最后他说："好吧，照常进行好了，如果有什么不对的话，只好求上帝帮助你了。"

结果，终于是我们做对了，现在他又向我们订了两批货。

当那位主顾侮辱我，几乎要向我挥拳，指责我不懂业务时，我用了所有的自制力，尽量不跟对方争论。那需要有极大的自制力，可是我做到了，那也是值得的。当时如果我告诉他，那是他的错误，并开始争论起来，说不定还会向法院提出诉讼，而其结果不只是双方起了恶感及经济上的损失：同时失去了一个极重要的主顾。我深深地体会到，如果直率地指出人家的错误，那是不值得的。

让我们再看第二个例子，情形是这样的：

　　纽约泰洛木厂的推销员克劳雷，这些年来，一直在说木材检查员的错处，他常在争论辩护中获胜，可是就没有得到过一点好处。就是由于好争辩，使克劳雷的两家木厂，损失了上万美元。后来他决定改变他的方针，不再争辩了，结果如何呢？他是这样说的：

　　有一天早晨，我办公室的电话铃响了，那是一个愤怒的顾客打来的电话，他说我们送去工厂的木材，完全不适用。他工厂已停止卸货，并且要求我们立即设法把那些货从他们工厂运走。当他们卸下一车的1/4货时，他们的木料检查员说，55%的木料在标准等级以下，在这种情形下，他们拒绝收货。

　　我知道这情形后，立即去他的工厂。在路上，心里就在盘算，如何才是处理这件事的最好方法。在平常我遇到这种情形时，就需引证出木料分等级的各项规则；同时以我自己做检查员的经验和常识，来获取那位检查员的相信。我有充分的自信，木料确实是合乎标准，那是他检查中误解了规则。可是，我还是运用了从讲习班中所学到的原则。

　　我到了那家工厂，看到采购员和检查员的神色都很不友善。似乎已准备了要跟我用谈判办交涉。我到他们卸木料的地方，要求他们继续下货，以便让我看看错误出在什么地方。我请那位检查员把合格的货放在这边，把不合格的放另一边。

　　经我看过一阵子后，发现他的检查，似乎过于严格，而且弄错了规则。这次的木料是白松，我知道这位检查员只学过有关硬木的学识，而对于眼前的白松，并不是很内行。至于我对白松知道得最清楚，可是，我是不是对那检查员有不友好的意思？不，绝对没有。我只注意他如何检查，试探地问他那些木料不合格的原因在什么地方。我没有任何暗示，也没有指出是他错了。我只作这样的表示：为了以后送木材时不再发生错误，所以才接连地

发问。

我以友好合作的态度，跟那位检查员交谈，同时还称赞他谨慎、能干，说他找出不合格的木材来是对的。这样一来，我们之间的紧张气氛渐渐地消失，接着也就融洽起来了。我会极自然地插进一句，那是经我郑重考虑过的话，使他们觉得那些不合格的木材应该是合格的。可是我说得很含蓄、小心，让他们知道我不是故意这样说的。

渐渐地，他的态度改变了！他最后向我承认，他对白松那类木材并没有很多的经验，他开始向我讨教各项问题。我便向他解释，如何是一块合乎标准的木材。可是我又作这样的表示，如果不合他们的需要，他们可以拒绝收货。最后，他发现错误在他自己，原因是他们并没有提出需要上好的木料。

我走后，这位检查员又将全车的木材检查了一遍，而且全部接受下来，同时我也收到一张即期支付的支票。

从这一件事看来，任何事情并不需要告诉对方，他是如何犯了错误。在我来讲，我替公司挽回了两千五百美元的损失，而双方所留下的好感，那就不是用金钱所能估计的了。

在人类社会步入 21 世纪的时候，我们应该牢记：尊重别人的意见，永远不要轻易地去指责对方的错误。

第三章

曲言婉至，含而不露
——说话直来直去易伤人

普天之下有一种人，人缘最好，他们懂得关键时刻给他人留个台阶下。这种人把"别说破"的处世艺术运用得可谓是炉火纯青。他们做人谦逊而谨慎、含蓄而不张扬，他们从不会把事做尽，更不会把话说绝，他们总是以和为贵，当收则收，从而赢得别人的好感，提高自己在他人心目中的地位，这样人缘自然而然也就好了。

谦逊谨慎惹人爱

张扬的人是自己所夸耀的言语的奴隶，是愚蠢之人所艳羡的、谄佞之徒所奉承的、明哲之士所轻视的。所以，真正的智者在为人处世中都是谦逊谨慎，而且含蓄不张扬。

一次，儿童文学家盖达尔带着5岁的小女儿珍妮，给夏令营的小朋友讲故事。盖达尔要为小朋友们讲的是小朋友们期待听的童话故事《一块石头》。

大礼堂里，孩子们正聚精会神地听盖达尔讲故事，这时，小珍妮却旁若无人地在礼堂里走来走去，偶尔还故意使劲跺跺脚，发出惹人烦的声响，跺完脚后还露出得意的神情。

盖达尔看到女儿的行为，停止了讲故事，他突然提高嗓音，严肃大声地说："那个猖狂的小家伙是谁？请你们把那个不守秩序的小家伙撵出去！她妨碍了大家安静地听故事。"

小珍妮一下子愣住了，她没有想到自己亲爱的爸爸竟然这样说她，她连哭带喊赖着不走，想让爸爸心软，但盖达尔不为所动，坚决要求工作人员把珍妮拉出会场。

之后，盖达尔又继续给孩子们讲故事，故事讲完时，孩子们对盖达尔报以热烈的掌声。盖达尔给孩子们讲的不仅是一个有趣的故事，还通过对小珍妮的惩罚，给孩子们上了生动的一课：无

论是谁,都不应以优越骄纵,过于张扬。

清朝名将年羹尧,自幼读书,颇有才识,他康熙三十九年中进士,不久授职翰林院检讨,但是他后来却建功沙场,以武功著称。这位显赫一时的大将军多次参与平定西北地区武装叛乱,曾经屡立战功、威镇西陲。1723 年青海叛乱,他官拜抚远大将军,领兵征剿,只用一个冬天,就迫使叛军 10 万人投降,叛军首领罗卜藏丹津逃往柴达木。

因为他的卓越才干和英勇气概,所以备受康熙和雍正的赏识,成为清代两朝重臣。康熙在位时,就经常对他破格提拔,晋升为一等公。年羹尧自恃功高,做出了许多超越本分的事情,骄横跋扈之风日甚一日。他在官场往来中趾高气扬、气势凌人。他赠送给属下官员物件的时候,令他们向着北边叩头谢恩,在古代,只有皇帝能这样;发给总督、将军的文书,本来是属于平级之间的公文,而他却擅称“令谕”,把同官视为下属;甚至蒙古扎萨克郡王额附阿宝见他,也要行跪拜礼。这些都是不合乎朝廷礼仪的越位举动。

有一次打仗归来,年羹尧进京拜见雍正,在赴京途中,他令都统范时捷、直隶总督李维钧等跪道迎送。到京时,黄缰紫骝,郊迎的王公以下官员跪接,年羹尧却安然坐在马上,连看都不看一眼。王公大臣下马问候,他也只是点点头而已。更有甚者,在雍正面前,他的态度竟也十分骄横,不遵循大臣应守的礼仪,让雍正非常不高兴。

年羹尧陪同雍正皇帝在京城郊外阅兵,雍正对士兵们说:“大家辛苦了,可以席地而坐。”连下了三道圣谕都没有一个人动,直到年羹尧说:“皇上让大家席地休息。”这时全体士兵才整齐的坐下,盔甲着地声震动山野。

年羹尧的所作所为引起了雍正的警觉和极度不满。最后被雍正帝削官夺爵，列大罪92条，赐自尽。一个曾经叱咤风云的大将军最终命赴黄泉，家破人亡，如此下场实在是令人叹惋。

"福兮祸之所伏"，世间万事万物都处在一个矛盾的统一体中，荣耀或许就是祸害的开始。无论何时都应该保持谦虚谨慎、低调行事的作风，不飞扬跋扈，不居功自傲，以一颗平常心态看待人生荣誉，才能以不变之心应万变。

人生处在顺境和得意时，最容易张扬。张扬是许多没有远见的人的共性，他们本来就没有大志向也没有大目标，只是在一种虚荣心的驱使下向前奔跑，目的只是想博得众人的喝彩。所以众人的掌声一响便认为达到了人生目标，便想躺在掌声中生活，他们认为自己可以不必再奔跑，可以昂头挺胸地在人群中炫耀了。可以说这是一种误解，一种把暂时的得意看成永久得意的误解，一种把暂时的失意当成永久失意的误解。聪明的人明白，这个世上永远没有永恒的事物，一切都是暂时的相对的，所以也就没有什么值得张扬的事情。

谦虚的人往往能得到别人的信赖，因为谦虚，别人才认为你不会对他构成威胁。你会赢得别人的尊重，与他们建立良好的关系。谦虚使人进步，骄傲使人落后。老虎面前莫称王，鲁班面前莫弄斧。做人不要忘形，趾高气扬的人目光短浅、胸无大志。

晏子乘车外出，马车正好从车夫的家门前经过。车夫的妻子就从门缝里偷偷地往外看，只见自己的丈夫坐在车上的大伞盖下，挥鞭赶着高头大马，神气活现，十分得意。

车夫回到家里，妻子就要跟他离婚。车夫大吃一惊，忙问什么原因。

他妻子说："晏子身为齐国宰相，在诸侯各国中很有名望。可我看他坐在车上，态度却是那样谦逊。而你呢，只不过是给相国赶赶车罢了，却趾高气扬，表现出一副很了不起的样子。像你

这样的人还会有什么出息呢？这就是我要跟你离婚的原因。"

车夫仔细琢磨妻子这番话，既受教育又感到惭愧，便向妻子认错。自此以后，车夫变得谦逊谨慎起来。

车夫的这一变化使晏子感到奇怪，就问车夫原因，车夫把妻子的话如实地告诉了晏子。晏子认为车夫的妻子很有见解，也对车夫勇于改过的态度感到满意，便推荐车夫做了大夫。

真正的君子就如同晏子，有谦逊的态度，有广阔的胸怀。和晏子相比，我们中有些人有一点点本事就飘飘然，忘乎所以，结果只能是自找苦吃。

做事要学会"兜圈子"

在大自然中生存着一种鸟，它每天靠吃鱼类为生，其嘴的形状，直直的，上下两部分都又长又宽阔。吞吃食物时，常常把捕到的鱼儿往空中一抛，让那条鱼头朝下尾朝上落下来，然后一口接住咽了下去，这样的吃法可以使鱼在通过咽喉时，鱼翅的骨头由前向后倒，避免卡在喉咙上。

我们做事也是一样，在办事的过程中总会碰到各种"刺儿"，这个时候便不能"直肠子"，而应该想办法兜个圈子，绕个弯子，避开钉子。这是做人应该具备的策略和手段。如果一个人不懂得像鸟类一样"把鱼倒过来吃"，只是硬碰钉子，让"刺"卡在自己的喉咙上，吃亏的终是自己。

在日常交际中，有些人说话直言快语，这种人是非常真诚的。但有时候，他说话的效果并不佳，轻者损害人际关系的和谐，重者造成麻烦，违背言语交际的初衷。而有时有意绕开中心话题和基本意图，采取外围战术，从基本的事物、道理谈起，即"兜圈子"，往往能够收到非常理想的效果。

有一次，有位青年人早早回家做了一锅红枣饭。妻子下班回来，端起碗，高兴地问："这枣真甜啊，哪来的?"丈夫说乡下姨妈捎来的。妻子不无感慨地说："姨妈想得可真周到啊，年年捎枣来!"丈夫说："那还用说，我从小失去父母，就是姨妈把我抚养大的嘛!"妻子说："她老人家这一生也真够辛苦的。"说后，丈夫忽然叹了口气，说："听捎枣的人说，姨妈的老胃病又犯了，我想……""那就接来呗，到医院好好治治。"丈夫话还没有说完，妻子就已经说出丈夫想要说出的话。

可见，"兜圈子"的说话方法可达到一般言语不能达到的效果。所以，在我们平常的说话中，多用用"兜圈子"的说话技巧，就能巧妙地达到说话的效果。

在生活当中，我们总会遇到难以克服的困难或无法逾越的障碍，这时，我们是逞一时匹夫之勇，非要"一条路走到黑"，还是要保持冷静的头脑，调整思路，绕道而行呢? 问题看似简单，但真正做起来却是非常的困难。有时我们看得见目标，距离也不算太遥远，可总是难以实现。为什么呢? 因为我们总是单单地盯着目标，总想尽快地、便捷地接近目标、实现目标，而忘记了多做些迂回工作，或者说是我们没有学会绕道而行，没有在看似无望的时候，换一个角度去试一试，结果只能在碰壁和失败间徘徊。

为了达到自己的目的，不妨试着学会多绕儿个弯子。绕弯子不是放弃，也不是后退，而是为了更快地接近目标。在绕弯子的

过程中，我们会发现距离目标越来越近。在很多情况下，即使绕弯子，机遇也不是很多，稍不留意就如白驹过隙，永不再来，就像一个人想绕出来时，退路已被堵死一样。不是机会太少，而是我们不懂得珍惜它们。

一位哲学家说过："懂得绕弯子的人，才有可能是达到光辉顶点的人。"

为了达到目标，暂时走看似与理想相背驰的路，有时这正是明智人的举动。事实上，人生途中是没有几条路径直达成功的。

我们不能把目标随时放在前面，要学会放在背后，而耐心地去做披荆斩棘、铺路修桥的工作，我们时常必须尝试很多条看来非常晦暗无望的道路之后，才会发现成功就在我们眼前。

只要我们记住自己理想的方向，就算多兜几个圈子，最终我们也会走到成功的目的地。

不要逞匹夫之勇。请运用你的智慧和耐心吧！你可以暂时屈就你所不喜欢的职业，你可以暂时应付一下你所讨厌或轻视的人，你可以暂时走进一个黑暗的涵洞——只要你不忘记由它的另端钻出来，只要你时刻知道这一切都仅仅是过程，而不是你的终极目的，你就用不着灰心和难过、也用不着关心周围的人怎样批评或嘲笑你，而是坦然面对冷嘲热讽，从而调整心态，从点滴做起直到成功。

法国作家勒农说："你不要焦急！我们所走的路是一条盘旋曲折的山路，要拐许多弯，兜许多圈子，时常我们觉得好似背向着目标，其实，我们总是越来越接近目标。"

一个会兜圈子，懂得绕道而行的人，往往是第一个走向成功的人。

直话也要拐个弯说

理论上讲，待人处世中应该做到坦诚，不说假话，直来直去。而且在现实中，人们口头上也一向把直来直去的性格，作为一种美德，倍加赞赏。如果你随便问一个朋友："你喜欢什么样性格的人？"

他往往会回答："性格豪爽、直来直去。"人们在称颂某人时，也往往说："他性格爽直，说话从不拐弯抹脚，直来直去。"

做老实人说老实话，应该是待人处世的一条准则，但直炮筒子未必受欢迎。中国人的行为模式很特殊，最明显的一点就是，表面上一套，实际上可能是"意在言外"。换句话说，就是嘴上说喜欢"直来直去"，内心深处却并不喜欢"直来直去"。

直来直去，实际上就是"不给面子"，使对方心中不快，以致造成双方关系破裂，甚至反目成仇。事后想想，仅仅因为区区小事，非原则性问题而失去"头儿"的赏识，真是毫无意义，后悔晚矣！

朱元璋称帝后，要册封百官，可当他看完花名册时，心里又犯起了愁。因为功臣有数，但亲朋不少。封吧？无功受禄，群臣不服；不封？面子上过不去。军师刘伯温看出朱元璋的难处，又不敢直谏，一来怕得罪皇亲国戚，惹来麻烦，二来又怕朱元璋受

不了，落下罪名。但想到国家大事，不能视而不见，最后，他想出一个方法，画了一幅人头像，人头上长着束束乱发，每束发上都顶着一顶乌纱帽，献给了朱元璋。朱元璋接过画，细品其味，忽然哈哈大笑道："军师画中有话，乃苦口良药。真可谓人不可无师，无师则愚；国不可无贤，无贤则衰！"原来，刘伯温画的意思是，"官（冠）多法（发）乱！"刘伯温此举，不但未伤害到朱元璋的面子，不犯龙颜，还道出了谏言：官多法必乱，法乱国必倾，国倾君必亡。画中有话，柔中有刚，也算是待人处世高明的"说话会拐弯儿"，使听者懂得话外之音，达到预期的目的。

另外，说话会拐弯儿，还体现在巧妙劝说上司改正自己所做出的错误决定，让上司从你拐弯儿话中，自己悟出应该如何去做。

春秋时的晋国，自晋文公即位后，发愤图强，使得国家迅速兴盛起来，成为春秋时的一大强国，晋文公也成了一代霸主。可接下来，晋襄公、晋灵公却不思振作，只图享乐。晋国的霸主地位也不知不觉地被楚庄王代替。晋灵公即位不久，不思进取，大兴土木，修筑宫室楼台，以供自己和嫔妃们享乐游玩。有一年，他竟挖空心思，想要建造一个九层高的楼台。可以想见，在当时那种科学水平、建筑材料、建筑技术等条件下，如此宏大复杂的工程，要耗费多少人力、物力！无疑会给老百姓造成沉重的负担，使国力衰竭。因此，大臣和老百姓都反对建九层楼台。但是晋灵公固执己见，并且在朝堂之上严厉地对大臣说："敢有劝阻建楼台的，立即斩首！"气氛十分紧张。一些想保全身家性命的大臣，都吓得噤若寒蝉，谁愿意去送死呢？再没有人敢说反对的话！

一天，有个叫荀息的大夫求见。晋灵公以为他是来劝谏的，便命人拉开弓，搭上箭，只要荀息开口劝说，他就要射死荀息。谁知荀息进来后，像是没看见他这架势一样，非常轻松自然，笑嘻嘻地对晋灵公说："我今天特地来表演一套绝技给大王看，让

大王开开眼界，散散心。大王您感兴趣吗?"晋灵公一听有玩的就来神儿了，忙问:"什么绝技?别卖关子了，快表演给我看看。"荀息见晋灵公上钩了，便说:"我可以把九个棋子一个个叠起来以后，再在上面放九个鸡蛋。"

晋灵公听到这事十分新鲜，不相信荀息会有这么高的技艺，但是又急于一饱眼福，便急急说道:"我从未听过和见过这种事，今天就请你给我摆摆看!"荀息当然清楚，如果国君认为是欺骗了他，就会有杀头的危险。当晋灵公叫人拿来棋子和鸡蛋后，荀息便动手摆了起来。他先是小心翼翼地把九个棋子堆了起来，然后又慢慢地将鸡蛋放置在棋子上。只见他放上一个鸡蛋，又放第二个，第三个……战战兢兢，如履薄冰。

这时，屋子里的气氛十分紧张、沉寂，只能听到鸡蛋碰到棋子的声音，围观的大臣们全都屏住呼吸，生怕鸡蛋落下来。荀息也紧张得额头冒汗。晋灵公看到这情景，禁不住大声说:"这太危险了!这太危险了!"晋灵公刚说完"危险"，荀息就从容不迫地说:"我倒感觉这算不了什么危险，还有比这更危险的呢!"晋灵公觉得奇怪，因为对他来说，这样子已经是够刺激，够危险的了，还会有什么更惊险的绝招呢?便迫不及待地说:"是吗?快让我看看!"这时，只听见荀息一字一句、非常沉痛地说:"九层之台，造了三年，还没有完工。三年来，男人不能在田里耕种，女人不能在家里纺织，都在这里搬木头、运石块。国库的金子也快花完了。兵士得不到给养，武器没有金属铸造。邻国正在计划乘机侵略我们。这样下去，国家很快就会灭亡。到那时，大王您将怎么办呢?这难道不比垒鸡蛋更危险吗?"晋灵公听到这种十分合理又十分可怕的警告，不由得吓出一身冷汗，意识到了自己干了一件多么荒唐的事，犯了多么严重的错误，便对荀息说:"搞九层之台，是我的过错。"立即下令停止筑台。

　　《晏子春秋》中也记载了这样一则故事：齐景公在位期间，特别喜欢修建亭台楼阁，以游玩观赏；喜欢穿戴华贵奇异的服饰，以图新奇和开心；喜欢通宵达旦地饮酒作乐，过着奢侈豪华的生活。晏婴做景公的相国时，则用俭朴简约的生活约束自己，以劝谏景公。景公多次给他封赏，都被他拒绝了。景公很尊重晏子，不忍心他过平民一样艰苦清贫的生活。有一回，景公趁晏子出使晋国不在家的机会，给他建了所新房子，谁知晏子一回来，就把新房子拆了，给邻居们建房，把因给他建房而迁走了的邻居们请回来。景公知道了，很生气，说："你不愿打扰百姓、邻居，那么替你在宫内建一所住房行吗？我想和你朝夕相处。"晏子一听急了，对景公说："古人说，受宠信要能知道自我收敛。您这样做虽然是想亲近我，但我却会整天诚惶诚恐。我一个臣子怎么能这样做呢？那只会使我与您疏远开来。"景公无法强求，只好退一步说："你的房子靠近闹市，低湿狭窄，整天吵吵闹闹，尘土飞扬，不能居住。给你换一个干燥高爽、安静一点的地方总可以吧？"晏子也不接受，他连忙辞谢，说："我的祖先就是世世代代住在这里的，我能继承这份遗产，就已经很满足了，而且这地方靠近街市，早晚出去都能买到我所要的东西，倒也方便。实在不敢再烦扰乡邻而另外再建房子。"景公听了，笑着问："靠近街市，那你一定知道东西的贵贱，生意的行情！""当然知道。百姓的喜怒哀怨，街市货物的走俏滞销，我都很熟悉。"景公觉得有趣，随口问道："你知道现在市场上什么东西贵？什么东西贱？"那时，景公喜怒无常，滥施刑罚，常常把犯人的脚砍下来，因而市场上有专门卖假脚的。晏子便想趁机劝谏景公说："据我所知，目前市场上价格最贵的是假脚，价格最贱的是鞋子！"

　　"真有意思，这是为什么呢？"齐景公对晏子的回答感到意外，便不解地问道。

"嗨——"晏子长吁了一口气，凄楚地说，"只因为现在刑罚太重，被砍去脚的人太多了，所以鞋子没人买，假脚却不够卖！"

"噢——"齐景公半天说不出话来，脸上露出哀怜的神色，自言自语地说，"我太残忍了，我对老百姓太狠心了。"于是，第二天就向全国发出了减轻刑罚的命令。

另外还有一次，齐景公让养马人给他养一匹他最喜爱的马，不料这匹马突然死了，景公大怒，让人拿刀把养马人肢解掉。这时，晏子正好在景公面前，见左右拿刀进来，便阻止了他们，问景公道："尧、舜肢解人体，从身上哪一部分入手呢？"一听这话，景公明白了晏子的意思，尧和舜都是古代明主，他们从来不用酷刑。便下令不肢解，而是把养马人交给狱官处理。晏子又说道："他还不知道自己的罪过，就要死了，请让我数数他的罪状。好让他明白犯了什么罪，然后再交给狱官。"景公说："可以。"于是，晏子就数落养马人说："你知道你有三大罪状，应判死刑。君王让你养马，你却把马养死，这是死罪之一；你把君王最爱的马养死，这是死罪之二；你让君王为一匹马的缘故而杀人，百姓知道了肯定会怨恨国君残暴，诸侯们听到这样重马轻人，肯定会轻视我们的国家，甚至加兵于我们。你让君王的马死掉，使百姓积下怨恨，让我国的国势被邻国削弱，这是死罪之三。你有这三条应判死罪的原因，就把你交给狱官吧。"景公听了晏子的这些话，猛然醒悟，赶紧说："放了他吧，不要为此而坏了我仁义的名声。"

因此，聪明的人总是直话不直说，说话会拐弯儿，委婉地表达自己的意思。晏子如果直接向齐景公建议减轻刑罚，不但达不到目的，而且很可能会引起齐景公的不悦，到头来事与愿违，后果也很难设想。

要给他人留面子

纠错是帮助别人改正错误的一种方法，但纠错最忌讳让他人无地自容，下不了台阶。因此，在我们试图使别人改正错误时，最好使用一种委婉的方式，给对方留一些面子，这样的纠错就会取得较好的效果。否则不但无法达到让他人改正错误的目的，而且有碍于你的人际关系。

俗话说："人活脸，树活皮。"此话道出了人性的一大特点：爱面子。保全他人的面子，这是一个何等重要的问题，而我们却很少会顾及这个问题。我们不能只爱自己的面子，而不给他人面子。每个人都有一道最后的心理防线，一旦我们不给他人退路，不让他人走下台阶，他只好使出最后一招——自卫，也不会给你面子。因此，当我们遇事待人时，应谨记一条原则：别让人下不了台阶。

生活中，让他人保全面子是十分重要的，而我们却很少有人想到这一点！我们残酷地抹杀了他人的情感，又自以为是，我们在其他人面前批评一位小孩或员工，找差错，发出威胁，不去考虑是否伤害到别人的自尊。然而，一句或两句体谅的话，对他人的态度做宽容的了解，却可以减少对别人伤害。

传奇性的法国飞行先锋和作家安托安娜·德·圣苏荷依写过：

"我没有权利去做或说任何事以贬抑一个人的自尊。重要的并不是我觉得他怎么样，而是他觉得他自己如何，伤害他人的自尊是一种罪行。"因此，我们要学会间接地指出别人的错误或过失。

一天下午，查理·布夏经过他的一家钢铁厂，撞见几个雇员正在抽烟，而他们的头顶上正挂着"请勿吸烟"的牌子。那么夏布先生是如何处理此事的呢？他并没有指着牌子说："你们难道不识字吗？"而只是走过去，递给每人一支烟，然后说："老兄，如果你们到外边抽，我会很感谢你们。"

员工当然知道自己破坏了规定，但是夏布先生不但没说什么，反而给了每个人一样小礼物，你能不敬重这样的老板吗？谁能不敬重这样的老板呢？

以上例子，说明了纠错是一定要给对方留足面子，否则就会伤及他人。另外，纠错时切不可没完没了。在我们的沟通中，往往会发现别人身上的缺点和过错，所谓"当局者迷，旁观者清"。自己的反思再深刻，也可能不如"旁观者"看得透彻。所以，当我们发现别人的过失时，应该及时予以指正，这是很有必要的。

但心理学研究表明，一种纠错如果反复进行，就会失去作用。有的人在给他人纠错时，总以为自己占了理，纠错个没完没了。其实这是低下的纠错方法。有经验的人在给他人纠错时，总是适可而止。纠错的话不宜反反复复，一经点明，对方已经听明白并表示考虑或有诚意接受，就不必再说下去了。

苏东坡幼年时，非常有天资，由于读书多，书上的字也没有不认识的，再加上文章写得好，因而受到人们的尊敬和赞扬。在一片称赞声中，苏东坡有点飘飘然了。于是有一天，他在自己书房门前书上一联：读尽人间书，识遍天下字。对联贴出后，有的人捧场，更多的人则是不以为然，认为他太不谦虚，口出狂言，因而使他的形象降低了。

有一位长者专程来到苏家，向苏东坡"求教"，请苏东坡认一认他拿来的书。书上写的全是周朝史籍创制的字体，苏东坡一个字也不认识，羞得面红耳赤，只好向长者道歉。长者也没有说什么，便含笑而去。苏东坡这才感到自己门前的对联名不副实，马上将对联各填一字，上联是：读尽人间书好，下联是：识遍天下字难。这件事教育了苏东坡，最后终于使他成了有名的大文豪。

因此，在我们试图使别人改正错误时，不妨使用一下这种委婉暗示的方式，给对方留一些面子，这样的纠错就会取得事半功倍的效果。

纠错时，切忌用讽刺、挖苦的言辞，比如"就你了不起"、"你不就是……"等，因为这是一种轻视他人的态度，也是缺乏修养、没有沟通风度的表现。有经验的沟通者，在纠错时，会采用各种技巧提出事实、讲道理，循循善诱，但不会用讽刺、挖苦的言词和粗话等有辱对方人格。

总之，纠错的话一定要给对方留个台阶，不要伤害到对方的自尊，要顾及对方的面子。

旁敲侧击，巧妙暗示

旁敲侧击，避免正面迎敌，这不仅是兵法里的招数，也是与人交往中以守为攻的一条妙计。在说服别人时，不直接交代说服

的目的，而通过曲折含蓄的语言，把自己的思想、意见暗示给对方知道。这种语言表达方式既可以达到批评的目的，又可避免难堪的场面，所以常被用来作为说服的有效手段。

苏秦到楚国后，过了三天，才得到被楚王召见的机会。召见后，苏秦立即请辞回国。

楚王说："我久闻先生大名，见到你如同见到古代贤人。今天先生不惜千里来会见我，竟然不肯多停留，这是为什么呢？"苏秦回答说："楚国的饮食比宝玉还贵，柴火比桂木还贵，传达人像鬼一样难以看见，大王像天帝一样难得拜会。如今您是让我吃宝玉、烧桂木，靠着鬼去见天帝。"

楚王顿时很羞愧，说："请先生暂到宾馆安歇，我听命就是了。"苏秦在这里运用的即是"旁敲侧击法"。

生活中，正面的劝告往往会使人产生逆反心理。这时，不妨独辟蹊径，换个方法来劝说，从侧面打开缺口，或许能事半功倍。旁敲侧击法是一种比较实用的好方法。旁敲侧击法一般多以人与人的感情为媒介，以人对新事物的兴趣、注意力或以列举有关事例为突破口，对其进行攻心。

荷兰物理学家彼得·塞曼，大学一年级时十分贪玩，物理成绩也不好，被人称为浪荡公子。为此，他的母亲很伤心。为了劝告儿子，她讲述了这样一段往事：他们的家乡位于西海岸的一个半岛上，自古以来常被大海淹没。1860 年 5 月 24 日午夜，家乡又遭到了大海的侵袭，一个孕妇在孤舟上漂流了几天几夜，产下了一个男孩儿——彼德·塞曼。幸亏乡民救助，母子二人才平安无事。接着，母亲不无悲哀地说："早知塞曼是个平庸的人，我当初就不必在海浪中拼搏努力了。"塞曼听完母亲的话，羞愧万分。从此，他改掉坏习性，努力学习，最终荣获了诺贝尔物理学奖。

有些女孩子喜欢动不动就生男友的气，以显示自己有个性。

如果这个女孩儿是父母的掌上明珠，或是兄长的娇妹妹，就更是不能容忍别人对她的不满。有些痴情的男孩子因为自己的某句话引起女友的不快，生怕得罪自己的"公主"，会忙不迭地赔礼道歉，更有甚者会贬低自己请求原谅，以示对恋人的忠贞。其实大可不必如此，你可以采用"柔性敲打"的方法让对方自己觉悟。

某老板的千金小徐和本单位的小张谈恋爱时，总是显示出某种优越感，因为小张是农家子弟，大学毕业分在单位做科员，没有什么靠山。有一次，小徐到小张家做客，对小张家人的一些生活习惯总是流露出看不顺眼的情绪，并不时在小张耳边嘀嘀咕咕。吃过晚饭后，小徐把小姑子使唤得团团转，一会儿叫烧水一会儿又让拿擦脚布什么的。

小张看在眼里，很不是滋味。他借机笑着对妹妹说："要当师傅先学徒嘛！你现在加紧培训一下也好，等将来你嫁到别人家里，也好摆起师傅的架子来。"小张这么一说，小徐当时似乎听出了什么，过后不得不在小张面前表示自己有些过分。

小张不失时机地用"要当师傅先学徒"的俗话来提醒小徐，避免了直接冲突。即使对方当时略有不满，过后也会有所感悟的。

使用旁敲侧击的说服策略，能让对方在不知不觉中同意你的论点，对于那些态度强硬的说服对象来说，这无疑是一种好的说服方法。

曲言婉至，说服有力

在劝说中，有时要有意避开对方的讳忌点，绕道而行，选择对方感兴趣的话题谈起，不要过早地暴露自己的意图，按照预定迂回路线，步步靠近。当对方跟着你走完一段路程的时候，对方已经不自觉地向你的观点投降了，这也就是曲言婉至的妙处。

伽利略年轻时就立下雄心壮志，要在科学上有所成就，他希望得到父亲的支持和帮助。

一天，他对父亲说："父亲，我想问你一件事，是什么促成了你同母亲的婚事？"

"我看上她了。"

伽利略又问："那你有没有娶过别的女人？"

"没有，孩子，老天在上，家里的人要我娶一位富有的太太，可我只对阿玛纳蒂姑娘钟情，我追求她就像一个梦游者，要知道你母亲从前是一位姿艳动人的姑娘。"

伽利略说："这倒确实，现在也还看得出来，你不曾娶过别的女人，因为你爱的是她。你知道，我现在也面临着同样的处境。除了科学以外，我不可能选择别的职业，因为我喜爱的正是科学。别的对我毫无用途！难道我要去追求财富、追求荣誉？科学是我唯一的需要，我对它的爱有如对一位美貌女子的倾慕。"

父亲说：“像倾慕女子那样，怎么能这样说呢?”

伽利略：“一点不错，亲爱的父亲，我已经 18 岁了。别的学生，哪怕是最穷的学生，都已想到自己的婚事，我可从没想到那上面去。我不曾与人相爱，我想今后也不会。别的人都想寻求一位标致的毕安卡，或是一位俊俏的卢斯娅，而我只愿与科学为伴。当人们对我提及婚姻方面的事情，我就感到羞涩。”

父亲没有说话，仔细听着。

伽利略继续说：“我亲爱的父亲，你有才干，但没有力量，而我却能兼而有之！为什么不能设法达到自己的愿望呢？我会成为一个杰出的学者，获得教授身份。我能够以此为生，而且比别人生活得更好。”

父亲说：“可我没有钱供你上学。”

“父亲，你听我说！很多穷学生都领取奖学金，这钱是公爵宫廷给的。我为什么不能去领一份奖学金呢？你在佛罗伦萨有那么多朋友，他们对你不错，会尽力帮助你的。也许你能到宫廷去把事办妥。他们只需要去问一问公爵的老师奥斯蒂罗·利希就行了。他了解我，知道我的能力。”

父亲被说动了：“嗯，你说得有理，那是个好主意。”

伽利略抓住父亲的手，猛力摇动：“我求求你，父亲，求你想方设法，尽力而为。我向你表示感激之情的唯一方式，就是……就是保证成为一个伟大的科学家。”

伽利略最终说动了父亲，他实现了自己的理想，成为了一位闻名世界的科学家。

委婉法是说话办事时的一种缓冲方法。委婉语能使本来也许是困难的交往，变得顺利起来，让听者在比较舒坦的氛围中接受信息。因此，有人称委婉是办事语言中的“软化”艺术。例如巧用语气助词，把“你这样做不好，”改成“你这样做不好吧”。也

可灵活使用否定词，把"我认为你不对！"改成"我不认为你是对的"。还可以用和缓的推托，把"我不同意"改成"目前，恐怕很难办到"。这些都能起到软化效果。

具体地说，委婉法有以下几种形式：

（1）讳饰式委婉法

讳饰式委婉法，是用委婉的词语表示不便直说或使人感到难堪的方法。

例如：有一位外籍旅游者在旅华期间自杀了，为了减少话语的刺激性，经再三推敲，有关部门最后在死亡报告书上回避了"自杀"两字，而用了"从高处自行坠落"这一委婉语。在中国北方，老人故世了，以"老了"讳饰，老干部故去了，以"见马克思去了"讳饰，类似的不下有几十个同义讳饰词语。再如，生活中对跛脚老人，改说"您老腿脚不利索"；对耳聋的人，改说"耳背"；对妇女怀孕说"有喜"。总之，在语言交流中讲究讳饰，也就是"矮子面前不说矮"，而不是"哪壶不开提哪壶"。

有时，即使动机好，如果语言不加讳饰，也容易招人反感。比如：售票员说："请哪位同志给这位'大肚皮'让个座位。"尽管有人让出了座位，但孕妇却没有坐，"大肚皮"这一称呼使她难堪。如果这句话换成："为了祖国的下一代，请哪位热心人，给这位'有喜'的妇女大姐让个座位。"当有人让出座位时，这位孕妇就会表示对售票员感谢，并愉快地坐下。

（2）借用式委婉法

借用式委婉法，是借用一事物或事物的特征来代替对事物实质问题直接回答的方法。例如：在纽约国际笔会第四十八届年会上，有人问中国代表陆文夫："陆先生，您对性文学怎么看？"陆文夫说："西方朋友接受一盒礼品时，往往当着别人的面就打开来看。而中国人恰恰相反，一般都要等客人离开以后才打开盒

子。"

陆文夫用一个生动的借喻，对一个敏感棘手的难题，婉转地表明了自己的观点，中西不同的文化差异也体现在文学作品的民族性上。实际上都是对问者的一种委婉的拒绝，其效果是使问话者不至于尴尬难堪，使交往继续进行。

(3) 曲语式委婉法

曲语式委婉法，是用曲折含蓄的语言和商洽的语气表达自己看法的方法。有时，曲语式委婉法比直接表达更有力，这种曲语式的委婉用语，真是利舌胜利剑。

说服不是要告诉对方"你应该如何如何"这么简单，而是让对方信服的一个过程。如果说服如此简单，世界上也就不会存在这么多矛盾。

委婉劝诫，曲径通幽

在雄辩中，论辩双方的言词并非永远都要剑拔弩张、锋芒毕露、直截了当。有时也需委婉含蓄、旁敲侧击，可谓直道好跑马，曲径可通幽，各有妙处。有时候，用动听入耳的言词、温和委婉的语气、平易近人的态度、曲折隐晦的暗语，更能使对方理解自己、信任自己，从而达到说服的目的。在某些特定的场合，使用委婉曲折的方式，更能产生出奇制胜的效果。

首先委婉曲折的方式可以用来劝谏。因为它可以避免因直接叙述给对方造成伤害而形成对抗，能让对方在细细品味我们的语言之中接受我们的观点，取得共同的认识。

比如，为尊者讳，便是造成委婉的一个重要原因。古人对于君父尊长的所作所为不敢直说，而要采取拐弯抹角，委婉曲折的方式来表达。

传说汉武帝晚年时很希望自己长生不死，一天，他对侍臣说："相书上说，一个人鼻子下面的'人中'越长，寿命就越长；'人中'长一寸，就能活一百岁。不知是真是假？"

东方朔听了这话，知道皇帝又在做长生不老梦了。当众位大臣附和皇上时，他却仰天大笑。皇上见东方朔似有讥讽之意，面有不悦之色，喝道："你怎么敢笑话我？"

东方朔脱下帽子，恭恭敬敬地回答："我怎么敢笑话皇上呢？

我是笑彭祖的脸太难看了。"汉武帝说："为什么笑彭祖呢？"

东方朔说："据说彭祖活了 800 岁，如果真像皇上说的，'人中'就有 8 寸长，那么，他的脸不得有丈八长吗？"

汉武帝听了也哈哈大笑起来。

东方朔是聪明的，他用笑彭祖的方法来讽刺汉武帝的荒唐，真有些指桑骂槐的味道。在古代，臣子看到君王有过失，进谏时都讲究说话的含蓄。如果大臣有损"龙颜"，是要杀头的。东方朔运用委婉的论辩方式，令汉武帝愉快地接受了他的批评和讽刺。

有一些说服过程中，说服者采用含蓄的语言、动作等等，把不便明言的交谈意向委婉地表达出来，借此影响和改变说服对象的态度。

清朝乾隆年间，有一天，乾隆皇帝带着新任宰相和珅、三朝元老刘通训，到承德避暑山庄的烟雨楼前观景散心。和珅与刘通训，新老不和，关系极不融洽，乾隆想借此机会使二人和解，又不便明说，于是在游览中提议赋诗，并随口出了一句："什么高，什么低，什么东来什么西。"和珅看到刘通训抢在他的前面，十分不快，马上接着说："天最高，地最低，河 (指和珅) 在东来流 (指刘通训) 在西。"刘通训受辱低头不语。

乾隆见此法效果不佳，待行至桥上，又要每人以水为题，拆一个字，说一句俗话，做成一首诗。刘通训认为报复的机会到了，边走边咏道："有水念溪，无水也念奚，单爱落鸟变为鸡 (即繁体字的鸡)。得食的狐狸欢如虎，落坡的凤凰不如鸡。"暗指和珅小人得志。和珅听后，暗自赞叹刘通训的才华，但又毫不示弱地送上一首："有水念湘，无水还念相，雨落相上便为霜。各人自扫门前雪，哪管他人瓦上霜。"乾隆听到新老二臣唇枪舌剑互相暗贬，于是上前拉住二人的手，面对湖水和三人的水中影，满怀深情地说："两位爱卿听着，孤家也对上一首：'有水念清，无水

也念青，爱卿共协力，心中便有情，不看僧面看佛面，不看孤情看水情。'"二人听了皇上的话，心中为之一震，深为乾隆委婉含蓄的诗词感动。于是和珅与刘通训拜谢了乾隆，握手言和，结为忘年之交。

这次君臣三人行，开始乾隆本想借观景赋诗融洽新老二臣的关系，不想二人乘机相互冷嘲热讽，互不相让。处此境况，乾隆因势利导，以"不看僧面看佛面，不看孤情看水情"，来暗示新老二臣应该同心协力，精诚团结，共治大清事业。乾隆借机含蓄点拨应该说远胜于要求新老臣团结的宏论。

委婉含蓄的说服方法就是潜移默化地，让对方在不知不觉中领悟我们的道理，听从我们的说服，在与人交涉时，不要忘记使用这一说服技巧。

委婉示范胜于直言相劝

千人千面，人人都有不同的性格和脾气。有的人注意细节，做什么事都有个讲究；有的人则不拘小节，许多方面都随随便便。在劝说一个人的时候，稍不留心，就会伤害大家的感情。因此，与其直言相劝，不如委婉示范，以身作则，让对方明白有些事怎样做更好。就是用自己或自家人的行为做个样子给他看看，表示自己赞成什么、厌恶什么。

邻居阿荣常向阿云借小东西，比如筷子、碗盏、针线或螺丝刀什么的，有的能够及时归还，有的会拖上好长时间才还，而有的索性就不还了。阿云也知道阿荣不是故意的，只是粗心大意，不记得这些小事了。

一次，家里来了客人，阿云故意叫孩子去借几双筷子。用完后，又马上叫孩子送过去，并教孩子说："妈妈说，借了别人的东西一定要及时归还。"又有一次，阿云向阿荣借了一支圆珠笔，用完后自己亲自送了过去，对她说："我这人记性差，不知道有没有东西借了没还的，特别是小东西，很容易忘记的。"一听此话，阿荣顿时有点尴尬，马上在屋子里找了起来，找到了两三件小东西，让阿云带回去。

在这个例子中，如果阿云直接去讨要，会使双方都很尴尬，毕竟只是一点小东西，况且对方也不是故意的。而用自己的行为为对方做出示范，就会避免这种尴尬，使对方在接受你的建议的同时，还会对你心生感激。

有些人面对直接的批评会非常愤怒，这时，就要间接地让他们去面对自己的错误。巧妙地暗示对方注意自己的错误，通常比使对方恼怒的指责要高明得多。

伊尔奇是英国一家连锁大超市的经理，每天他都要到他的连锁店去巡视一遍。有一次他看见一名顾客站在台前等待，却没有一个售货员对她稍加注意，那些售货员们在柜台远处的另一头挤成一堆，彼此又说又笑。身为经理的他当然对这一情况很不满意，而且决定要纠正这种不负责任的行为。但伊尔奇并没有直接地指责那些在上班时间闲谈的售货员，他采取了巧妙暗示、保全员工面子的方法处理了这件事。他站在柜台后面，亲自招呼那位女顾客，然后把货品交给售货员包装，接着他就走开了。售货员看到伊尔奇亲自为顾客服务的情况，意识到了自己的失职，自责的她

们从此以后再也没有让类似的情况再次发生。

纽约的玛丽女士也是运用自己的行为做出示范，巧妙地暗示一群懒惰的建筑工人在帮她盖房子之后能及时地清理现场。在开始的时候，玛丽女士下班回家之后，发现满院子都是锯木屑。她不想去跟工人们抗议，因为他们工程做得很好。所以等工人走了之后，她跟孩子们把这些碎木块捡起来，并整整齐齐地堆放在屋角。次日早晨，她把领班叫到旁边说："我很高兴昨天晚上草地上这么干净。"从那天起，工人每天都把木屑捡起来堆好放在一边，领班也每天都来看看草地的状况。

这种委婉示范的方法，使人易于改正错误，可以维持对方的自尊，也可以使对方认为自己很重要，从而使他希望和你合作把事情办得更好，而不是反抗或抵触。

这种以身示范的委婉劝说法也特别适于那些辈分高、资格老，或者担任一定领导职务的人。这样做既可让对方明白你不大赞赏他的行为习惯或态度、作风，又不伤尊严和感情。

老金是小吴的邻居，也是同一单位里的工会主席，而且，技术上也有一手，待人也热情诚恳。但是，他在生活上却比较马虎，不讲仪态。夏天，他常光着膀子走家串户。小吴是个有知识的女性，她很不习惯老金的这种行为。

一个双休日，老金邀小吴的丈夫去另一个同事家下棋。小吴对丈夫说："穿上衬衫，换双凉鞋，到别人家去总得有个样子。"这一讲，老金马上有所觉察，他说："等一下，我也去穿件衬衫，换双鞋。"

小吴赶忙笑着说道："金师傅，您这个人很热情、很随和，可我觉得在穿着上太不讲究了，有时让人受不了。"待老金穿好衣衫返回，小吴赞扬道："金师傅，这一身多神气啊！"说得金师傅舒服极了。以后，他渐渐改变了原先不讲仪态的习惯。

曲意服从巧辩解

被人冤枉时，很多人会据理力争，誓死为自己讨个说法。这种精神是可嘉的，但策略却是不可取的。

现实生活是很复杂的，有时据理力争，只会让事情更加混乱，结果吃亏的还是自己。因此，我们应该学会用以退为进的方式，从侧面对掌握着事态的发展方向的人进行说服，让对方通过思考了解事情的真相。

春秋时期，晋国的一位厨官就是因为运用了这种以退为进的战术，对晋文公进行说服，才得以免除死罪。

一次，晋文公在用餐时，厨官让人献上的烤肉缠了根头发。文公大怒，把厨官叫来责骂道"烤肉上怎么缠着根头发？你是存心要害我吗？"

厨官慌忙下拜，沉痛地说道："小臣该死，小臣有死罪三条，愿为我王分析：小臣找来磨刀石磨刀，把刀磨得像宝剑那样锋利，一切肉就断了，可是缠在肉上的头发却没有断，此为罪状一；拿木棍穿肉，却没有发现肉块上缠着头发，此为罪状二；用烧得通红的炭火烤肉，肉都烤熟了，头发却没有烧焦，此为罪状三。小臣有此三罪，不敢苟活，愿听我王发落。"

晋文公想了想，觉得事情的确很蹊跷，就吩咐侍臣去调查，

看有没有人想诬陷厨官。结果查明，一个与厨官有过节儿的侍臣在传菜时，故意在烤肉上缠了根头发，想借文公之手除去厨官。于是，文公将此人处死，赦厨官无罪。

在这个故事里，如果厨官正面辩解，一口咬定头发不是自己放的，可能会使晋文公火上浇油，怒气更盛而获死罪。厨官的聪明之处就在于，他正话反说，对文公进行说服，从而使自己获得了清白。

厨官先装着认罪，供出了自己的三条罪状。其实，他认罪的过程，就是澄清事实为自己辩解、说服文公赦免自己的过程：切肉的刀如此锋利，肉都切碎了，缠在上边的头发能不碎吗？用木棍将肉一块一块串起来，肯定能看到肉上的头发；第三条更荒唐，用木炭烤肉，肉都熟了，头发能不烧焦吗？这三条明显与事实不符。

这样，厨官的曲意说服不仅证明了自己无罪，同时也提醒了晋文公，是否有人想栽赃陷害？厨官的辩解顺了晋文公的意思，使其平息了怒火，同时，也揭露了事情的真相。

受传统思想的影响，很多人都认为"有理走遍天下"、"有理不在声高"，事实上，这些想法有时是行不通的。自己知道自己有理是没用的，关键是你采用什么样的方式，说服别人，让别人也接受你的理，这才算真本事。

用暗示的方法提醒对方

在别人犯了错误，你不得不要求对方改正，但又不可直截了当地指出时，应该采取委婉暗示的方法，这样，既可以使对方避免尴尬，也可以说服对方更好地接受、执行你的建议。

有一次，宋太祖答应要任命张思光为司徒通史。张思光非常高兴，一直引颈企望宋太祖正式任命，但是等来等去却始终没有下文。一天，张思光故意骑着一匹奇瘦无比的马去晋见宋太祖。宋太祖觉得很奇怪，于是问他："你的马太瘦了，你一天喂它多少饲料呢？"张思光回答："一天一石。"宋太祖又疑问道："不少啊！为什么每天喂一石饲料，这马还会这么瘦呢？"张思光趁机答道："我是答应每天喂它一石啊！但是实际上并没有给它吃那么多，它当然会那么瘦呀！"宋太祖听出了言外之意，于是马上下令正式任命张思光为司徒通史。

在办事过程中，如果对方办事的方法不符合你的要求，你不能当面指责，这只会造成对方对你的抵触情绪，从而更不利于事情的解决。

在广州一家著名的大酒店中，一位外宾吃完最后一道茶点，顺手把精美的景泰蓝食筷悄悄插入自己的西装内衣口袋里。

站在一旁的服务小姐看到这一切，不露声色地迎上前去，双手擎着一只装有一双景泰蓝食筷的绸面小匣子，微笑着说："我发现先生在用餐时，对我国景泰蓝食筷非常喜欢，爱不释手。您对这种精细工艺品的赏识，令我们非常感动。为了表达我们的感激之情，经餐厅主管批准，我代表酒店，将这双图案精美并且经严格消毒处理的景泰蓝食筷送给您，并按照大酒店的优惠价格记在您的账簿上，不知道先生意下如何？"

那位外宾一听，当然明白这些话的弦外之音。于是，他在表示了谢意之后，说自己多喝了两杯白兰地，头脑有点发晕，才误将食筷插入内衣袋里。并聪明地借此台阶说："既然这种食筷不消毒就不好使用，我就以旧换新吧。"

说完，外宾哈哈大笑，并取出内衣口袋里的食筷，恭敬地放回餐桌上，接过服务小姐递给他的小匣，不失风度地向付账处走去。

在这个例子中，服务员就是用暗示的方式，使外国客人知道自己的错误，并且在服务员提示下，找到了改正的方式。服务员这样做，既让对方改正了错误，又让对方保持了应有的尊严和风度，因此，不愧为一箭双雕的好办法。

没有哪个领导在自己的领导生涯中从不曾有过极想发火、大骂下属的冲动，否则就必然意味着他不是一个热爱工作、爱岗敬业的人。但事实上却并不是每一个领导人都真正狂风暴雨般发作了，这便是领导技巧上的最大区别。

大多数领导在责备其下属的时候都是对事不对人的，那种动辄恣意责骂，把自己心中的闷气全然发泄在下属身上，或者随意发号施令，毫不考虑下属感受的领导毕竟是少数。但为什么几乎90%的人都声称曾经受过让他们难以接受的指责，甚至对上司曾

经给过他们的某些批评终生耿耿于怀呢？原因很简单，就是他们的上司没有学会批评人，不能以一种很平和、很巧妙的姿态完成对下属的训导。

"我一点也不怪你有愤愤不平的感觉，如果我是你，毫无疑问，我也会跟你一样不快的。"如果以这样一段话作为批评的开始，相信任何一个下属都会乐于接受你的批评，因为它显示出了你百分之百的诚意。容易让人感觉你不是在批评他，而是在与他共同做着一件很崇高的事情。

每个人都是理想主义者，都喜欢为自己做的事找个动听的理由。事情出现了问题后，也总认为自己是对的，而别人是错的。因此，做上司的如果想要下属顺着你的指挥棒走，就要挑起他的高贵动机。

一位心理学家在他的著作中说："一个人去做一件事，通常有两种原因：一种是真正的原因，另一种则是听来很动听的原因。"人人都明白那个真正的原因，却又不由自主地喜欢想要那个好听的动机。因此，要让下属既接受你的批评，又能收揽人心的最好办法，就是在批评他们的同时，挑起他们的高尚动机。

在这里，我们顺便指出一下大多数上司犯过或正在犯的错误。很多上司在开始批评之前，都先真诚地赞美对方，然后接一句"但是"，才开始批评。例如，要改变一个下属工作不专心的态度，我们可能会这么说："约翰，我们真以你为荣，你最近工作上有很大进步了。但是，假如你办事再努力点的话，就更好了。"

在这个例子里，约翰可能在听到"但是"之前，感觉很高兴。马上，他会怀疑这个赞许的可信度。对他而言，这个赞许只是要批评他失败的一条设计好的引线而已。可信度遭到曲解，你就无法实现要改变对方工作态度的目标。

其实，只要你把"但是"改为"而且"，问题就能轻易解决。"我们真以你为荣，约翰，你这段时期工作表现进步了，而且只要你以后再接再厉，你的工作成绩就会比别人高了。"这样，约翰会乐意接受这种赞许，因为没有什么失败的推论在后面跟着，而他已经间接地知道自己需要改进。

所以，要批评一个人又不伤感情，不引起憎恨，那就不妨间接地，用暗示的方法提醒他注意自己的错误。

第四章

水至清则无鱼，人至察则无徒

——与朋友相处不必苛求完美

俗话说："水至清则无鱼，人至察则无徒"，与人相处，要看清、看透他人的性格品行，交朋结友，要有所选择，但也要明白人各有所长、各有所短，不可要求自己的朋友十全十美。只有懂得欣赏朋友的长处、也能宽容朋友的缺点与错误的人，才能与朋友融洽相处，才能在人际交往中如鱼得水、游刃有余。

不同的朋友，不同的态度

朋友交往贵在真诚，朋友之间不弄虚作假是友谊的基本原则，但如果我们在真诚的基础上讲求一定的方式方法，则会产生更好的效果。不同的朋友，我们应该采用不同的方式来对待。因为每个人的喜好不同，与自己的亲密程度也不同，在人格上，我们可以一视同仁，在方式上，我们一定要有所区别。

日常生活中，每个人都有着许多朋友，而且朋友的性格、类型、与我们的关系也不尽相同，所以，我们不应该用一种方式去对待所有的友谊。譬如曾经共患难的贫贱之交、共生死的的战友情谊、纯洁无瑕的老同学之间的友谊，由于一种美好感情的留存，可以相互宽容许多。这类友谊双方之间的亲密度可以大一些，打架争吵后，仍可握手言欢。相对来说，商场上的朋友、同事等则要保持一定距离。同事之间的友谊，是一种很复杂的情况，有合作，也有竞争与排挤。同事们由于在工作中相互合作，许多人之间自然而然地会将合作延伸到生活上，变成朋友。这很好，但应该注意的是，同事之间的友谊，同前面说过战友、同学等之间是有所不同的。同事之间不仅有合作，也常常会有利益方面的对立。毕竟，一个公司或者组织，用来奖酬的资源数量是有限的，同事之间往往会存在利益分配问题，是有竞争的。搞不好的话，友谊

会变成一种极端的矛盾，需要我们慎重把握。

当然，反过来说，利益是考验友谊的试金石，通过了利益之争的严峻考验，洗礼出来的友谊才真正瓷实。

因为如此种种原因，我们交朋处友，既应该是开放式的，也应该有所侧重与弃舍。所谓开放式的，是指交朋友不应事先就抱有固定的框框，而应广交朋友，不分人种、年龄、性别、职业等，大家都可以成为朋友。当然，必须根据自己的原则进行筛选。我们不可能选择父母，但可以选择朋友。古人说的"慎交友"，就是讲的交朋友要有选择性。我们交朋友其实都是有意无意先确定好自己的交友原则的，在原则上来交朋友，当然不同的人交友原则可以有所不同，各人自有个人的"防尘网"。

不同的朋友，区别对待，对于昔日老友与老同学，自然不必礼貌周全、客气到位，那样还显得生疏；对于不爱开玩笑的朋友，最好正正经经讲话，免得产生不必要的误会；而拉着一个"坐家"型朋友出去逛名山大川，只能怪自己脑子进水了。

交一个好朋友如同读一本好书，一本活动的大书，这本书在不停地添加续集，以便我们自己能不断地学到东西。高雅而有趣的，或者无趣而高雅的，或者低俗而有趣的，都无关紧要。而低俗又无趣的大可不必去读。

区别对待不同的朋友，有一个关键的问题，倘若自己与好朋友之间处于竞争的两端，该如何是好？

一方面，友谊是可以促进竞争的。当朋友间存在竞争时，倘若两个人能平心静气，互帮互助，共同进步，即便最后结果只能是一方胜出，另一方也是快乐的，这当然是真正友谊的体现。

然而，世事岂能尽如人意。朋友双方因为面临竞争，而反目成仇，互相利用，互相陷害，我们能说，他们曾经不是朋友，或者存在的根本不是真正的友谊吗？怪只怪，友谊没有把握好，没能经得起考验。

朋友双方一旦置于竞争的境地，是否应该争先恐后地退出，才算彼此真正深情？其实大可不必搞得如此复杂，竞争就竞争，只要正当，良性的竞争只会让彼此都得到提高，最后由第三方挑出最合适的获胜人选。

如果两个人因竞争而失去了友谊，那么他们所失去的远比得到的多。

朋友间友谊的见证，可以使竞争减小压力，可以使竞争降低难度，可以使竞争者增强信心。难道不是这样吗，既然是知己一起竞争，不论谁输谁赢，胜利总是双方中一人的，把握好了，自然不会让第三方有渔翁得利的机会，面对竞争，朋友之间并肩作战，其利无穷。

如果说竞争是残酷的，那么友谊就是温暖的。一切冰遇热都会消逝，一切严冰遇到阳光也总会融化。竞争的风帆在友情的海洋里，可以乘风破浪，奔至彼岸。而风帆失去了海洋，无法航行。竞争是短暂的，而友谊却可以长久。长久的友谊，可以暖人心灵；而短暂的竞争，除了短暂的胜利喜悦，就是"恼人"的失败体验，无法暖心，却可能寒心。

当然，不是只要友谊不要竞争。当今社会，逆水行舟，不进则退。没有竞争，就无法立足于社会。团结就是力量，朋友双方团结起来，有了力量，就有了竞争的本钱。力量可来自于团结，团结则建立在友谊的基础上，所以，友谊可以促成竞争的成功。

对于友情，其实我们没有太多的机会为对方两肋插刀，为对方赴汤蹈火的次数也极为有限，倘若能一起参加公平的竞争，在困难时能够帮助一下，痛苦时能够倾诉苦衷，快乐时能够共同分享，也就足够矣。

对朋友要有礼有节

朋友关系亲密时就容易不拘小节，不拘小节就容易闹矛盾，甚至危及彼此的交情。因此我们要注意，对好朋友也要讲礼仪，只有尊重朋友，才能让友谊长久。

不论多亲密的朋友，还是必须有所节制，才不致坏了交情。

简单地说，一个人的反应会因为纷扰的心情而有所不同。如果你以为对方和自己的关系非比寻常，不会和自己计较，或是以为对方能够了解自己的心意而未加注意，反而很可能在不经意的情况之下受到伤害。

与人诚心交往是很重要的一件事，但却不要把心中所有的事都和盘托出，而是要一步一步慢慢地进入状态。

不论是多么亲密的朋友，交谈的措辞都不可疏忽，因为谨慎言辞就是一种礼仪的表现方式。

现今还遵守着传统礼仪的人，的确是愈来愈少了，但这里所指的礼仪概念却不是指那些繁文缛节的形式，而是你是否真正地了解到了礼仪的本质。

礼仪并没有特定的界限，但在和朋友长期交往之中，随时注意恪守礼仪与自我节制却是很重要的。一旦逾越了礼仪或失去节制，你也就失去了朋友。

　　我们说好朋友之间讲究礼仪，并不是说在一切情况下都要僵守不必要的繁琐的客套和热情，而是强调好友之间相互尊重，不能跨越对方的禁区。

　　社会上几乎人人都知道朋友的重要，都珍惜朋友之间的感情，但凡是人们珍惜的，也一定是稀少的，因而自古以来人们便慨叹"人生得一知己足矣"。其实，我们置身社会中，未必把每一个朋友都交到"知己"的程度。朋友可分为不同层次，有的是于事业有益的，有的是于生活有益的，有的是于感情有益的，也有的是于娱乐有益的。每一种朋友应该交到何种程度才恰到好处，才于人生有益，并没有一把尺子能量得出来。不论深交也罢，浅交也罢，朋友之谊人人皆知，但这"谊"并非信手拈来，重要的是方法，是怎样交友，怎样获得朋友之谊。

　　许多青年人交友处世常常涉入这样一个误区：好朋友之间无须讲究礼仪。他们认为，好朋友彼此熟悉了解，亲密信赖，如兄如弟，财物不分，有福共享，讲究礼仪太拘束也太外道了。其实，他们没有意识到，朋友关系的存续是以相互尊重为前提的，容不得半点强求、干涉和控制。彼此之间，情趣相投、脾气对味则合、则交，反之，则离、则绝。朋友之间再熟悉，再亲密，也不能随便过头，不讲礼仪，这样，默契和平衡将被打破，友好关系将不复存在。

　　和谐深沉的交往，需要充沛的感情为纽带，这种感情不是矫揉造作的，而是真诚的自然流露。中国素称礼仪之邦，用礼仪来维护和表达感情是人之常情。而为了做到这一点，以下几种错误就是你要尽量避免的：

　　（1）傲慢跋扈，言谈不慎

　　相貌、才识、家庭、职务的优势都能促进别人与你的接近，大家和你在一起就好像也具有你的这些优势。这可能使你在朋友

圈里有一种淡淡的优越感。但当心，这种优越感一旦失控就可能无意之中在朋友面前摆出一副傲然的态度，处处炫耀自己，看不起别人，从而失去友谊的平等互惠性，因为任何人都不愿出卖自尊心去换取友谊。

(2) 彼此不分，不拘小节

有的人自认为大度豁达，对朋友借给的东西从不爱惜，甚至久借不还，随便乱翻乱用朋友的东西也从不事先打个招呼。长此以往，就会使朋友觉得你行为太粗俗，甚至认为你贪婪。青年人常把彼此不分当成友谊深厚的表现，但友谊的维持和发展，仍然需要珍惜、保护、遵守信用。朋友馈赠你东西，是情感物化的表现，但平日里，对借的东西总还得爱惜，否则会使人觉得你不可靠。

(3) 不识时务，一意孤行

不管朋友工作是忙是闲，心情是好是坏，也不管什么场合，只顾自己夸夸其谈，人家急事在身也缠着不放。这样做就会被人觉得浅薄、没有教养。也有的人遇事固执己见，硬要别人屈从就范。这两种态度都反映了认识上的不成熟，不会体谅、理解人，也不能随情景的变化而调适自己的行为，这当然得不到朋友的好感。

(4) 出尔反尔，不讲信用

这种人表面上很慷慨，答应别人的请求也不算不爽快，但答应之后即丢在脑后，忘得干干净净。当下次朋友催问的时候，只是用三两句话搪塞一番。也许你认为这是生活小事，但对别人来说，失信、毁约，意味着破坏了他人的工作安排，并且使别人的感情受到戏弄。这样的人是逢场作戏，敷衍应付，不能作彼此信赖的好友。

除此之外，还有一种情况就是，忘记了"人亲财不亲"的古训，忽视朋友是感情一体而不是经济一体的事实，花钱不计你我，

用物不分彼此。凡此等等，都是不尊重朋友，侵犯、干涉他人的表现。偶然疏忽，可以理解，可以宽容，可以忍受。长此以往，必生间隙，导致朋友的疏远或厌恶，友谊的淡化或恶化。因此，好朋友之间也应讲究礼仪，恪守交友之道。

朋友再亲密也不能忘了以礼相交，千万不要因为趣味相投就陷于松懈或粗心大意，不能彼此尊重的友情只会给双方带来伤害。

朋友之间是需要距离的

在处理人际关系的时候，有些人会认为要对别人热情，要对朋友亲近，可是他们所认为的热情和亲近有时候却并不被朋友接受，这是为什么呢？

在心理学角度来讲，每个人都需要有个人的隐私空间，表现在外部环境上，就是需要和别人保持一定的距离。因为社会中的每个人都是独立的个体，每个人都有自己的思想、个性以及朋友圈子。因此，与朋友相处，需要百分百的诚心，但是不需要百分百的关心。没必要整天缠在一起，这样我们会把对方勒得喘不过气来。

珊珊觉得很烦恼，她是一名初三的学生，可是她烦恼的事情不是准备考高中的事，而是自己的好朋友小文。

珊珊和小文从小学起就是好朋友了，像对亲姐妹似的。小文

对珊珊非常好，要是看到珊珊面有忧色，就一定会打破砂锅问到底，而且绝对会两肋插刀相助。可是珊珊偏偏受不了小文这样，每次连她日记本里写了什么小文都要问个清楚，去她家玩的时候也不把自己当外人，自己动手从珊珊的抽屉里找东西，这些都让珊珊有些反感。于是珊珊便下意识地疏远小文，可是小文就会很难过，饭也吃不下，整天眼泪汪汪的，这让珊珊觉得自己实在是太坏了，只好向小文道歉，两个人重归于好。可是用不了多久，珊珊便又开始烦小文的"缠人功"，之前的情景就又会上演一遍。久而久之，两个人都很痛苦。

其实珊珊的苦恼在成人社会里也是很常见的，我们往往会遇到这种人，虽然是好心，却难以让别人接受他们的好意。这是因为，他们不懂得掌握朋友相处的尺度，过分的热情令我们感到紧张和不适。

留一点空间给朋友，也是留一点空间给自己。毕竟，没有与对方全心共事的时候，我们还可以充实一下自己，做自己喜欢而朋友不喜欢的事情。这样可以让自己变得更独立自信而又美丽。真正的朋友不用我们天天守候着、纠缠着，关键时候，他自己会想起我们。

其实每一个人都是热爱自由的人，每个人都需要有自己的空间与时间，甚至许多人还有独处的爱好，有些事情，只想埋在自己的内心深处，任何人也不想告诉，这个时候，作为知己好友的我们，当然更是要主动体谅对方，不必苦苦追根究底，放心地让朋友独自面对他的那一份酸苦或者甜蜜，这未尝不是一种更高层次的关心与爱护。

每个人都有各自的空间，相处再好的两个人也不可能整个世界里只有彼此，或者只找彼此商量着重要事情。所以，给朋友自由吧，你会发现友谊并未走远，相反，经过我们的谅解，彼此的

心却离得更近了。

朋友也好，伙伴也好，到了密不可分的境地，一定要注意给予彼此独立的空间与适当的自由。经常听到一些朋友抱怨曾经的密友，什么都要过问，以至于曾经最亲密的人，变成了如今最需要防备的人，生活实在太累，不自由，遗憾太多。

朋友间一旦其中一个出现了烦躁心理，慢慢地，双方的争吵就多了，交流自然就少了，到最后的结果就是关系渐渐淡了。

有这样一个故事：一个小女孩问她的姑姑，你有朋友吗？姑姑回答：曾经有过，现在没有了。小女孩接着问：为什么没有延续那些感情呢？姑姑遗憾道：我迫切希望忘记的事情，她们总是经意或不经意地提起。小姑娘更纳闷了：为什么你一定要忘记？姑姑反问道：为什么她们一定要提起？

其实朋友间大可不必相处得如此艰难和遗憾。这就需要我们给予对方足够的空间，用以储藏他们自己的悲欢愁喜。譬如这位孤独的姑姑，她有过不愿回首的往事，她的朋友曾经与她一起度过那段时光，互相协助、彼此交心，往事远走，姑姑不愿回想，然而，她的朋友却总是念叨着，诉说着，于是，为求忘掉往事，姑姑只好选择放弃朋友。

朋友是我们手里的一把沙，你抓得越紧，从指缝中漏掉的越多！

其实，给朋友空间，也是给自己自由。何出此言？我们少花一点心思与时间在朋友的杂事上，自己不是就有了更多的时间自由支配了吗？我们将朋友那些不堪回首的往事尘封在心底，不是就有更多的心灵空间接受更多更新的知识与记忆了吗？

通常的时候，我们和朋友其实也是有交换的，譬如拿自己的小秘密去交换朋友的一个小秘密。然而，每个人其实都需要有隐私，有些事情并不需要他人分享，有些事情过去了再不愿意回想。

我们不去过问朋友的那些他不愿与人分担的小秘密，作为回报，他们自然也就放你的小秘密一条生路，不作过多的盘问。你自己将小秘密藏起来，也没有"不坦诚"的心理负担。正所谓，退一步海阔天空，何乐而不为呢！

不要总是试图控制你的朋友

朋友之间的关系，可谓微妙得很。如果说友谊如同放风筝最恰当不过了，拉得太紧，飘不高，自然飞不远；放得远了，可能很难控制方向，甚至从视线里消失。其中就是一个度的问题。因此要想与朋友搞好关系，最关键的是要把握好朋友相处的"度"，让彼此拥有足够的自由空间，做到既不疏远，又不至于太密切。

与朋友相处其实和管理者管理下属是一样的。很多书上都说：真正会管理的人，懂得管理人，不是事事躬亲，而是适当地给予员工信任，给予他们自由的空间，事情远比想象的简单。

给予员工自由的权利，将使他们发挥自由的天性，而不在我们的管制下有任何"造反"的可能。这就是如何进行有效授权的问题，也是摆在众多管理者面前一个非常突出的难题。

给员工自由的空间，到底自由的权限为多少算是科学呢？

答案是：给予他们80%的权利。将80%的权利下放，管理者做最重要的20%。

管理者只需做事关企业命运和前途的 20% 的工作。譬如企业战略决策、重要目标下达等。其他 80% 的工作，譬如日常事务性工作、具体业务工作、专业技术性工作等等都是可以授权的。因此，作为领导者，必须对自己的职位和职责有一个明确的定位，按照责任大小把工作分类排队，自己只需要做最重要的工作就行了，其他的都可以放手交给别人，让他们自由支配。

然而，无论自由到何种程度，有一种东西我们是无法下放的，那就是责任。倘若管理者把责任都下放的话，那只能说他是在准备退位，而不是放权。我们在此常犯的错误就是：将责任同权利一起交给了别人，一旦工作中出现了问题，便落到无法收拾的地步。

当然，将诸多的权力下放，必须得找对接收的人员才行，断不是随意放下去就可以的，我们必须根据每个人的个人能力与声誉适当放权给他们。

根据他人的个人素质进行放权，是能否成功的关键。对待他人，以功授权或者以资历授权都会贻误大事。我们可以通过素质测评、观察、访谈等方法对他人的综合素质和个人能力进行排序。譬如，不定时交给某人一些具有挑战性的任务，同时给他们相当的工作支持，希望每个人都能发挥他们的个性。当然，在让别人自由发挥的同时，领导者一定还需握住缰绳，别让其跑偏了轨道。

要放权，我们还得先调动起员工的积极性，而放权下去后，员工的积极性与主动性自然也就增强了，因为他们有了更多的做主的权力，他们感觉到这是在为自己做事情，而不是被动地为老板赚钱。

从管理界通用的做法我们可以看出，控制是一个很错误的做法，控制的结果往往会出现失控的局面。与人相处也是一样的道理，你不要试图去控制任何一个朋友，不要让他感觉被你压得喘

不过气来，要轻松地相处。换句话说就是与人相处，不用过于认真，不管是多重要的朋友，都不要用百分之百的劲，只需要20%就足够了，用得多，容易让人有被控制的错觉，但是用得低于20%，容易让人觉得你不够重视对方。这就是与人相处过程中的"二八定律"。

很多人都明白，与人相处，宽松、和谐的环境很重要，但是现实生活中做起来却很难。因为当两人关系熟悉到一定程度的时候，很多人的控制欲望就会膨胀，总觉得这些事情就是他应该为我做的，不做，就是对不起我。例如和自己从小一起长大的朋友，在自己遇到苦难的时候竟然不借给自己钱，中国人的思维观念就认为是不够意思，不够朋友。

但仔细想想，别人为什么有义务一定要帮助你呢？

再好的朋友也不过只是朋友而已，自己的事情还需要自己来处理，不是吗？

每个人都有每个人的生活，都有自己要解决的问题，没有任何人有义务在任何时候帮助你！那些处世聪明之人就能理解与人相处时的这个原则。

他们不会强求任何一个朋友，也不会因为朋友没有帮助自己而生气，因为他们清楚这个道理，他们不试图去控制自己的朋友，在朋友之间保持着一种应该有的距离。

朋友就像彼此手中的风筝，我们要给对方一定的高度，放飞自由，对方才能飞得更高，进步得更快，但线始终在我们手里。

与朋友相处，需要百分百的诚心，但是不需要百分百的关心，没必要整天缠在一起，更不能总试图控制自己的朋友，留一点空间给朋友，也留一点空间给自己，这样我们才能与朋友相处融洽，才能不至把对方勒得喘不过气来。

主动修补友谊的裂痕

再亲密的朋友也是不同的个体，有着不同的思想与性格，所以相处之中总是难免有一些磕磕碰碰，朋友之间发生一些小吵小闹也在所难免。争吵了怎么办？难道就让这段感情因为这么点小事情宣告结束？专家认为，大多数友谊之间的裂隙都能弥合，关键是我们自己要主动，当与朋友产生矛盾时，当你们之间产生裂痕时，要主动向友谊的裂痕出击，即便你自认为毫无错误，要想重拾那份友谊，不妨先付出一点宽容和详解。

李萨和波拉是一对在爱达华州一起长大的两小无猜的好友，她们从未怀疑过她们的友谊将来有一天会出现问题。然而，在李萨结婚搬到纽约并生了3个孩子后，她突然杳无音信了。波拉问丈夫："你觉得我是不是哪儿冒犯了她呢？"

事情并没有波拉想象的那么坏，其实，李萨只是认为自己对波拉已不再重要了。她自言自语地说："她现在成家了，我们的身份变化太大了，所以我们的关系不可能像从前那么密切了。"

最后，波拉鼓起勇气给她的老朋友打了电话。起先，这场谈话有点尴尬，但是很快她们两人就承认了她们彼此的思念之情。一个月后，她们见面了，且很快恢复了她们旧日的说说笑笑、分享信任的感情。

波拉说："感谢上帝让我最终还是采取了行动，我们两个人都认识到了我们之间的友谊是多么的重要。"

事实上，朋友之间争吵并不可怕，关键是我们要珍惜朋友之间的友情，遇到裂缝能够主动地去采取行动去弥补。

"建立良好的友谊会使朋友之间的联系更为密切，并相互给对方以长时间的影响。"西部心理学协会总经理唐纳尔德·潘南说，"我们应该保护这种历史性的遗产。"这里说到的历史，就是个人的历史。朋友是我们个人人生的见证者。

处理朋友间的关系，我们首先要做到的就是，收敛自己的骄傲。

这或许十分不容易，但是，在友谊发生危机时，夏威夷海克姆空军基地的丹尼斯·默尔兰德却做得非常好。4个月来，45岁的默尔兰德一直在照看着好朋友诺拉的两个小女儿，而诺拉则与她们的父亲在一起生活，并完成了在奈威达的牙科专家培训。默尔兰德说："他们让我去照看这些孩子，我实在是感到荣幸。"

当诺拉返回家欢度圣诞节时，默尔兰德回忆说："我有很多话要对她说，然而她却从未打来过电话。有一次，她给一个女儿举办生日 Party，我却没接到邀请。我感觉自己好像被利用了。"

起初，默尔兰德生气地发誓，一定要避开诺拉，然而，经过一段时间的冷静，她终于决定放下骄傲的架子，让她的朋友了解到她的感受。诺拉承认她在外边一直对家里非常放心，以致自己对朋友帮助她所做的一切似乎都视而不见。后来她说："倘若丹尼斯没对我谈起这件事，我就永远也不会知道究竟发生了什么。"

当朋友伤害了我们的时候，本能会让我们张开自卫的保护伞。当然，这样必定会使我们更难弥补友谊的裂痕。我们要主动向对方袒露心迹，毕竟，朋友间的误会消除后，我们双方都会感到宽慰。

当我们错了时，即便自己受了委屈，也应该向对方道歉。

任何人都不会允许别人欺骗他，但在建立友谊的过程中，即便最好的人也是会犯错误的。倘若冒犯者拒绝为和解首先做出让步，友谊就将马上终止。在这种情况下，倘若犯了错误的人主动进行道歉——以求和解，那就可能求得朋友的原谅。当我们道歉的时候，就等于给我们的朋友一个鼓起勇气承认事实的机会。

有这样一个事例，一个 29 岁的售货员由于没有及时交房租而影响了他与大学同窗的友谊，于是，两个血气方刚的人当场就争吵了起来。因为这个售货员和两个室友都是签了租约的，每个人都有责任付债。毕业后，这个售货员多次试图哄骗他的朋友付清房租，对方一直没有察觉到。最后，当房主提出要控告他们的时候，这个售货员才终于鼓起勇气打电话给他的朋友。对方在电话那头大声嚷道："这不是开玩笑嘛！你毁了我的信誉。"

后来，他向朋友道了歉。朋友了解到他并没有想伤害自己的意思，他只是不敢担负责任而已。朋友对别人讲道："即使他本应向我道歉，因为是他使我生气的，但我也不应该失去控制而大发雷霆。我不想让这件事破坏我们的友谊。"当这个售货员主动打电话向对方道歉并付清了房租后，他的朋友也向他承认了自己的错误。

其实，朋友之间所犯的最大错误就是相互间闹翻并开始争吵。当我们和朋友争吵时，我们并没有仔细思考。争吵就是因为彼此没有足够的了解造成的。

要想赢得长久的友谊，忍耐是关键，因为忍耐不会让问题失控。

令人惊讶的是，为什么简单的误解常常会导致争吵呢？

答案是：我们没有站在对方的角度考虑问题。

耶格回忆了她父亲死后，有一个非常亲密的朋友并没有前来

参加葬礼。她说："我当时感到伤心和失望。"后来，耶格得知她的朋友之所以没有来参加葬礼，是因为她也在忙于自己父亲的后事。耶格彻底弄清了事实真相，不再感到委屈了，反而对她非常同情。

所以，当朋友间产生争执的时候，我们不妨站到朋友的角度看一看这个问题，我们就能够理解对方，从而使彼此间的友谊免遭破坏。

朋友是我们人生路上的最好伙伴，携君之手，与君同行，一路上，磕碰不免，但是，只有心是向着一个方向微笑的，究竟谁先低头，无关紧要。所以，我们与好友之间有了隔阂，不妨主动一点，倘若自己对这段友谊仍然心动，那么，尽管先付出行动吧。

让朋友觉得他对你很重要

让每个人都感觉自己很重要，这是我们对待自己或者是对待朋友应该做到的，这很重要。我们每个人都希望自己很好，希望自己做的事情是对的，渴望自己被人了解，渴望自己被人承认。有了这样的想法，我们就应该跳出来，看到别人也有这样的想法，所以，对别人来说让对方觉得自己很好，觉得自己重要，也是一件很重要的事情。要想使别人觉得你很重要，先要让对方觉得自己重要。本着这样的想法去做事，每次都会有意想不到的效果。

每个人都渴望成为重要人物，这是我们东方人"爱面子"情节的延伸。没有人愿意被认为自己是可有可无的，当他们被忽视或否定时便会被认为是可有可无的了。所以让朋友觉得自己很重要是朋友之间的相处之道，也是成功人际关系基石之一。

世界知名的"玫琳凯化妆品公司"创办人玫琳凯女士，曾对她的员工讲过这样一个故事：多年前，她开着一辆老旧汽车，到汽车的展示中心去，因她手头上有钱，想买一部黑白相间的新轿车。

进了展示中心，销售员看她开着老旧的车子，于是断定她买不起新车，只是来凑凑热闹的，所以就不把她当一回事儿。

当时，刚好是中午了，销售人员便说，他得去赶赴一个午餐约会，于是托辞先走了。

由于玫琳凯女士着急着购买新车，所以想见业务经理，但经理正好也不在，估计下午1点才会回来。

于是玫琳凯只好悻悻地走到对街的汽车展示中心。

这个中心正展示着一辆黄色轿车，玫琳凯看上去挺满意的。尽管很喜欢，但价钱却远远超过自己原本的预算。

可是，那个销售人员的谈吐却十分殷勤、诚恳。与销售人员闲聊时，玫琳凯告诉他们，自己想买车是因为当天正好是她的生日，想买部车送给自己当做生日礼物。

过了一段时间，销售人员礼貌地对玫琳凯说他有点事，请求告退1分钟，即刻回来。

出乎玫琳凯意料的是，十五分钟之后，一位秘书小姐带来一打玫瑰，而那销售人员就把整打玫瑰送给玫琳凯女士，祝贺她生日快乐！

天哪，玫琳凯当时感觉太讶异、太惊喜、太意外了。

不用说，玫琳凯后来买的是——远远超过预算的黄色轿车。

因为，那聪明的销售人员看到玫琳凯女士，发现她身上正散发着无形的讯号：让我感觉自己很重要！

倘若换成我们去买车，而受到如此礼遇相待，我们其实也是有可能会和玫琳凯一样，十分感动地下订单。毕竟，每一个人其实都是希望被重视的，而不喜欢被别人当成是空气！朋友也是这样，我们喜欢和重视自己感受的人在一起，其实对方也是期待着被我们重视的，喜欢那个被我们重视的感觉。

曾有一位长得非常帅的教授谈论自己的太太时说到，自己的太太长得不漂亮，而且年纪还比他大，在外人看来，两人并不那么匹配，但他为什么义无反顾地娶了她呢？

答案：因为，我太太常夸我，说我很有能力、脑筋灵活、很会理财、做事做得特别好、穿衣服也很有品味、对人很友善……

这位教授告诉他的学生说：我以前的漂亮女朋友常嫌我，说我这也不好，那也不对，只有我太太会称赞我，而我就是喜欢这种被灌迷汤的感觉！

的确，我们身边的人都在期待我们的重视，尤其是心心相映的朋友，所谓交友交心，彼此的心进行了交流，倘若不能够彼此了解，让对方感觉自己很重要，那该是多么痛苦的一件事情呀。

其实人的自我价值感，都是经由别人的肯定和赞美而来的，倘若让朋友感觉自己很重要，对方肯定也会善意地给我们正面的回馈。

宽容使友情之树长青

　　珍惜生活，不能少了朋友。珍惜朋友，其实也就是让自己生活得更快乐。朋友是你高兴时想见的人，烦恼时想找的人，得到对方帮助时不用说谢谢的人，打扰了不用说对不起的人，高升了也不必改变称呼的人。朋友是可以一起打着伞在雨中漫步，是可以一起在海边沙滩上打个滚儿，是可以一起沉溺于某种音乐遐思，是可以一起徘徊于书海畅游，是有悲伤陪你一起掉眼泪，有欢乐和你一起傻傻的笑的人……

　　如何巩固这份美好呢？我们若能多看看朋友的好处，对朋友多一点宽容，多一点善意和理解，少一点要求，那么我们还有什么不开心的呢？

　　世界上有太多的悲剧，太多的恐怖，都是因为人与人之间的不能容忍而造成的。忍让和宽容说起来容易，做起来却是非常难。当我们被无辜地伤害时，难免怀有一种报复心理。但是，报复却不能给我们带来快乐。而宽容，则可以万古流芳。

　　古人交友，曾经留下这样一段佳话。春秋时，齐国有两个人，一个叫管仲，字夷吾；一个叫鲍叔牙，字宣子。这两个人自幼就是好朋友，可谓以贫贱结交。长大后，鲍叔牙到齐桓公门下做了官，他为人信用显达，大家都很信任他。鲍叔牙自己显达了，当

然不忘发小管仲了，那可是个特别有才华的人，于是就到齐桓公处举荐管仲，当齐国的丞相，官位比自己还高。故事讲到这里，读者一定非常奇怪，举荐有才华的发小当大官，这有何感人之处？我们来听管仲的几句名言："吾尝三战三北，鲍叔不以我为怯，知我有老母也；吾尝三仕三见逐，鲍叔不以我为不肖，知我不遇时也；吾尝与鲍叔为贾，分利多，鲍叔不以我为贪，知我贫也。生我者父母，知我者鲍叔也！"

　　管仲是个能人，但他不是一个完人。先前，他在多次战争中做了逃兵，多次被免职，与鲍叔牙合伙做生意的时候，老是多分利润——但是，鲍叔牙都大度地体谅他，对他信赖依旧，最终还举荐他当了相国，共同辅佐齐恒公治理天下。

　　其实，在我们的日常生活中，人与人之间的矛盾没有大到"不共戴天"的地步，朋友是因为共同的兴趣爱好而自由组合的一群人，双方之间的矛盾更是不至太多，只是在一些琐事上的处世心态的不同罢了。

　　其实，朋友之间的伤害往往都是无心的，帮助却是真心实意的，忘记那些无心的伤害，铭记那些对自己真心帮助过的朋友，我们会发现这世上原来有很多值得自己一生追求的美好事物。

　　宽容彼此的过错，需要我们谨记的是：我们每个人都既是魔鬼又是天使，优点与缺点共存，美丽与丑陋俱在。

　　与友相处时，我们要尽量看好的方面。至于一些不同之处，一些不必要的摩擦，忍一忍也就过去了。人和人相处，都要以一种平常的心态来对待，要时刻想到，这个世界上离了自己照常运行，谁离了我都能活；反过来，自己离了别人很可能就难以生存了。所以我们要想快乐生活，开开心心过好每一天，就应该与人和睦相处，多一点宽容，多一分理解，多一分关怀。

　　家庭是这样，邻里是这样，同学是这样，同事是这样，朋友

更是这样。如果我们做到了这一点，我们的心情就开朗多了，朋友也就更多了，生活如同鲜花一样绚烂多彩。

友情之树，要用宽容作土壤，用心灵去灌溉，用真诚去呵护，才能万古长青。学会宽容朋友、欣赏朋友的人，就一定有良好的人际关系，有知己。因为欣赏的前提是尊重、爱护和理解，爱护需要包容和珍惜。欣赏朋友，一定是懂得珍惜的。

宽容朋友，学会欣赏，我们的生活中自然也就少了许多烦恼，少了许多不愉快，心境也会变得开阔。

把优越感让给朋友

"如果你要得到仇人，就表现得比你的朋友优越吧；如果你要得到朋友，就要让你的朋友表现得比你优越。"这是法国哲学家罗西法古说过的一句话。在人际交往的世界里，那些妄自尊大，高看自己，小看别人的人总会引起别人的反感，最终在交往中使自己走到孤立无援的地步。相反，那些聪明、谦让而豁达的人总能赢得更多的朋友。

明朝朱元璋手下的一员得力干将名叫徐达，他智勇兼备。几乎每逢较大战役他都要被委任为主帅。"将在外，君不御，将军认为该如何就如何好了。"这是朱元璋在他每次出征前总要对他说的话。话虽每次都这么说，但朱元璋却能随时随地控制徐达，他

的心腹无时不在监视着徐达的一举一动。徐达深知其中机关，所以，并不因为朱元璋的那句话而任意妄为，而是每逢稍大一点的事都必然派亲信报给朱元璋，处处突出朱元璋的主体地位，让他有一个做"上司"的优越感，因而才一直没有遭贬甚至被加害的厄运，君臣关系相处得不错。

我们不但要把优越感分给上司，还分给同事、下属。现代社会也不乏这样的把优越感让给别人的事例，

通常所见那些备受爱戴的领导，通常都是为人十分低调，把工作的成绩能够分给每一个自己身边的人，他们在受到表彰和嘉奖时，通常会说这不是他一个人的荣耀，这是整个集体的荣耀，是整个集体的功劳，他没什么可以炫耀的，要嘉奖就嘉奖在座的所有人吧！而总是处处凸显自己的人，就会遭到别人的冷落。

当我们的朋友表现得比我们优越时，他们就有了一种重要人物的感觉，但是当我们表现得比他们还优越，他们就会产生一种自卑感，造成羡慕和嫉妒。聪明人早已认识到了这一点，他们从来不会自己独享荣耀，也不会与朋友平分荣耀，他们做的只是把优越感让给别人。

某公司一名职员名叫赵丽娜，由于她近几年工作十分勤奋，十分卖力，因此取得了不错的成绩，于是领导经过几番讨论研究，派她到某一分公司做主任。

在她刚到分公司当主任的几个月里，春风得意，觉得自己高高在上，不可一世，对自己的机遇和才能满意得不得了。她在各种汇报中都大谈自己的成绩，如何拼搏取得，却很少言及朋友、下属甚至上司的功劳。周围的人听了之后都非常不高兴，对她避之惟恐不及。这使她百思不得其解。过了一段时间，虽然她仍是个主任，但是很少有员工买自己的帐，根本没一个人再理她，甚至连上面的几位经理都不愿理她。她每天坐在办公室里唉声叹气，

觉得自己活得很空虚，很孤独。

最后终于有一位朋友告知了其中的玄机，她这时才意识到自己的症结在于锋芒太露，不能把优越感让给别人。从此她开始很少谈自己而多听朋友说话，每当她有时间与朋友闲聊的时候，她总是先请对方滔滔不绝地把他们的欢乐炫耀出来，与其分享。而只是在对方问她的时候，才谦虚地说一下自己的成就，慢慢地她的人缘又好了起来。因为她知道他们也有很多事情要说，把他们的成就说出来，远比听别人吹嘘更令他们兴奋。

日常工作中不难发现这样的人，别人很难接受他的任何观点和建议。因其人虽然思路敏捷，口若悬河，但一说话就会令人感到他很狂妄。这种人多数都是因为想表现自己，总想让别人知道自己很有能力，处处想显示自己的优越感，想获得他人的敬佩和认可，但结果却往往适得其反，失掉了在朋友中的威信。

不管你是多么大的人物，都有不足。在生活中保持低调，能够把优越感让给别人，是一种做人的气魄。这样，不仅自己更清醒，也会赢得别人甚至命运的尊重，才会永远让自己保持于不败之地。

人往高处走，而高处不胜寒；水往低处流，而低处纳百川。你做每一件事时，要重视和尊重对方的自尊心，抑制自己的好胜心。人人都有自尊心，人人都有好胜心。如果对方与你有同样的特长或爱好，对方与你争强好胜，即使对方的技艺不如你，你最理智的办法就是先让一步。生活中我们既要有往高处走的心态，又要有水往低处流的胸怀。

当然一味地退让，对方或许会变本加厉，对你视而不见，想尽各种办法或是手段来压榨、欺凌你，那么，这时你就有必要施展你的才能，让对方知道你不是一个弱者，你是一个能手。但当对方觉得自己不如你时，表现出自卑或屈服时，你就要化干戈为

玉帛，把优越感转让给对方，那么对方一定会对你产生敬佩之心，与你和睦相处。如果互不相让，最终导致的结果会是两败俱伤。所以说把头低下，把优越感让给对方，人的品质才会更加高尚，人的才能也会步步得到提高。

对待朋友不要吹毛求疵

俗话说：金无足亦，人无完人。对待朋友不要苛求完美，不可吹毛求疵。交朋友，要学会"退一步，让三分"，可惜有些人只知道一味勇进，殊不知水至清则无鱼，人至察则无徒。与人交往，与友相处，凡事都须退让三分，在一个"忍"字上下工夫，学会容忍朋友的小缺点、小错误，甚至容忍朋友的不恭和无礼。

一帮朋友在一起吃饭，有人将一碗热汤弄翻，洒了旁边一位朋友一身，他连忙道歉，岂知旁边的朋友没容他说完，反问他说："烫到你了吗？"这一句关心友人的反问，其实更胜过他说没关系。倘若，你被弄了一身汤，只是皱一眉头，只是一个小动作，给朋友的感觉就会不一样。他也会道歉，也知道他的失误，但你的一个动作，就会让他嗅到不对的味道，且不说你再埋怨他几句了。那只是一种容忍，而这句反问则让他由被动的忍转为主动的关心。

假如一个朋友误解了你，当他正在气头上，那么你最好不要去辩解，即使他口不择言，你也要学会原谅他。有些事，最终会

让朋友明白你是无过的，事后，当他知道真相时，自然会对此表示歉意。人生在世，本来事情就千头万绪，又何必再为一些小事徒增烦恼呢？那么，最好的办法就是你跳出三界之外，忍一时风平浪静。这也是与朋友相处看清看透别说破的要义之一。

朋友之间要容忍，不能因友人的一句戏言，火冒三丈。要时刻的告诫自己少发脾气或尽量不发脾气。一遇争吵就发火争吵，再好的友情也会产生裂痕。事后，即使你道歉，友人也原谅你，也难免会产生隔膜，使原来的关系走了样，总觉得疙疙瘩瘩，不舒服。

《红楼梦》里其中一章有那么一段话，写的是一次，林黛玉与贾宝玉正说话，湘云走来，笑道："二哥哥，林姐姐，你们天天一处玩，我来了，也不理我一理。"黛玉笑道："偏是咬舌子爱说话，连个'二'哥哥也叫不出来，只是'爱'哥哥，'爱'哥哥的。回来赶围棋儿，又该你闹'幺爱三四五'了。"宝玉笑道："你学惯了她，明儿连你还咬起来呢。"史湘云道："她再不放人一点儿，专挑人的不好。你自己便比世人好，也犯不着见一个打趣一个。指出一个人来，你敢挑她，我就服你。"黛玉忙问是谁。湘云道："你敢挑宝姐姐的短处，就算你是好的。我算不如你，她怎么不及你呢。"黛玉听了，冷笑道："我当是谁，原来是她，我哪里敢挑她呢。"宝玉不等说完，忙用话岔开。因为林妹妹不善于和众姐妹们相处，所以，谁都知道她小性儿得让着点。林黛玉在爱情里也是难免有俗人情怀的，听到稍不合自己意的话，便反唇相讥。更别说当面称赞别人比她强，所以，有时她病了、闷了，盼个姐妹来说话，等到姐妹们来看望她，说不上三五句话又厌烦了，虽然大家知道她受不得委屈，不苛责她，但是内心中是不喜欢她这么做的，以致到后来，宽容大度的宝钗成了众望所归的对象，黛玉未免落了单。

古人说"小不忍则乱大谋"，交朋友要忍，但也要有个限度，生活中的烦事、琐事，能忍当忍；细枝末节无伤大雅的事情，能放弃的就学会放弃。像韩信那样"辱至于胯下"，在现代交友中也大可不必。一味让着朋友，而对方又浑然不觉，习惯了忍让，成了一种习惯；一旦哪一天没让着对方，对方便会像看到怪物一样看你。朋友，也可能被宠坏。

面对朋友的中伤要忍耐

年轻人在人生的路上，会遇到各种各样的折磨，这其中就包括别人的中伤。人格的最高魅力莫过于用一颗宽广的心感谢折磨过你的人，这也是宽容的最高境界，这是一种谅解，一种忍让，一种大度，同时也是有较高修养的一种风度，是良好心理素质的具体反映。

在中伤下我们会为此遭到众人的误会，心灵受到极大的创伤，可是，伤害已经造成了，我们唯一可以做的，就是坚强地为自己洗清"罪名"，我们不要在心中种下仇恨的种子，也不要让仇恨的火苗在心中越烧越旺，烧毁了他人，也烧毁了自己的人格。其实反过来看，我们应该感激那中伤我们的人，因为他，我们的人格受到了考验，我们的魅力得到了彰显，我们赢得了尊重，从这一点上来说，我们就应该感谢他们不是吗？

真正的友谊，应该是彼此的真诚、心灵的沟通、心与心的坦诚、灵魂的交融。而有时候你会发现，那些在背后中伤你的人，不是别人，而是你的朋友，他们为了一己私利，在背后诋毁你，这不仅是言语上的中伤，更是一种情感的背叛和欺骗，你会对你们之间的友谊产生质疑，这还是真正的友谊么？你会伤心，你会流泪，你会气愤，因为真正的朋友，应该肯为对方两肋插刀，可是他却捅了你一刀。

先请不要记仇，想想你们曾经有过的友谊，想想他曾经真诚地帮助过你，想想他曾经也对你很仗义，想想他对你曾经的好处，不可小肚鸡肠、心胸狭窄，你该大度、宽容、谅解。如此一来，你就忘记了仇恨，你的人格也得到了提升。

你用微笑化解朋友的过错，让他感到你的宽宏大量，让他感到你的心胸像大海一样能包容一切，容纳一切。所以，你更应该感激他，是他的中伤砥砺了你的人格。这样他会很内疚，会感到自己的过错，对于你的大度和包容，他会很感激。这么一来，一切是是非非也就像过往烟云不存在了，你们之间的友谊也经历了一次考验。

清乾隆年间，在江南有个寺庙，寺庙中住着一个和尚，这个和尚聪明机灵，心直口快，喜欢议论天下大事，对朝廷多有不敬之辞。虽说他是出家人，可是却和知县是好朋友，因为二人的共同志趣在于花花草草。

乾隆大兴文字狱，而举报者重重有赏，这个知县知道后顿生歹意，他举报了这个和尚，可是口说无凭，他思来想去，于是心生一计。一日，乾隆皇帝微服出巡到此，知县就把乾隆皇帝带到寺庙之中，然后让皇帝在院外，自己入院内，和和尚交谈。那知县随手从地上拾起一块劈开的毛竹片，指着青的一面问和尚这个叫什么？和尚随口答了一句"篾青"，"篾青"的谐音就是"灭

清"。随后，知县又指着白的一面问和尚这又叫什么，和尚又答了一句"篾黄"，这又正中了知县的计策，"篾黄"与"灭皇"同音。

乾隆皇帝在外听得一清二楚，当场就将和尚抓获入狱，而知县也荣升了。幸运的是，和尚在狱中待了几年，碰上乾隆皇帝大赦天下，就逃过一劫。过了几年后的某一天，知县被歹徒追杀，躲到了当初的寺庙中，歹徒正欲杀害知县，却被和尚救了。君子坦荡荡，小人常戚戚。知县抱住和尚，痛哭流涕。

现实生活中当你受到朋友对你的中伤时，你千万不要愤怒，不要冲动，要控制自己的情绪，要有好的心态，用你的微笑去化解心中的不愉快情绪，就会让自己的人格得到一次升华。正如和尚的人格魅力的确让人敬佩，他不计前嫌，救了当初中伤自己、陷害自己入狱的知县，这不能不说是一种大度。

其实，我们不仅要感谢中伤我们的朋友，还要感谢中伤我们的敌人。与朋友之间，毕竟有往日的情谊，倘若我们能感谢那些诋毁我们的敌人，用宽广的心去回击他的中伤，那么获得就是一笔丰厚的人格回报。

林肯在竞选总统前夕，在参议院演说时，遭到一个参议员的羞辱，那参议员说："林肯先生，在你开始演讲之前，我希望你记住自己是个鞋匠的儿子。""我非常感谢你使我记起了我的父亲，他已经过世了，我一定记住你的忠告，我知道我做总统无法像我父亲做鞋匠那样做得好。"参议院陷入了一片静寂。他转过头来对那个傲慢的议员说："据我所知，我的父亲以前也为你的家人做过鞋子，如果你的鞋子不合脚，我可以帮你改正它。虽然我不是伟大的鞋匠，但我从小就跟我的父亲学会了做鞋子的技术。"然后，他又对所有的参议员说："对参议院的任何人都一样，如果你们穿的那双鞋是我父亲做的，而它们需要修理或改善，我一

定尽可能帮忙。但有一点可以肯定，他的手艺是无人能比的。"说到这里，所有的嘲笑化作了真诚的掌声。林肯后来两度被选为美国总统。

林肯在面临政敌在众人面前恶意的诽谤和诋毁，并没有被激怒，而是沉着地化解了和对方的矛盾，为自己迎来了真诚的掌声，这就需要一种豁达，这种豁达的人格不是生来就有的，而是经过长期的积累和沉淀形成的，这是小小的"伟大"在心里的缓慢成长过程，而这一切也是中伤或诋毁我们的人所赐予的，我们应该感谢他。

面对繁杂的和突如其来的各种折磨，年轻人的心态要始终放在宽容的刻度上，无论是你的朋友还是你的敌人中伤了你，你都要学会感激他们，你的人格会因为他们的中伤而一次次地升华！

第五章

海纳百川，有容乃大
——宽容是一种"别说破"的境界

　　西方谚语说："要想了解一切事物，首先必须宽容一切事物。"生活中，宽容是一种博大的胸襟，是一种良好的处世智慧，只有那些善于运用宽容来处理人际关系、修炼自己的人，才是真正的智者。对于他人的过失与缺点要予以理解和包容，而不可严厉苛责。这是与人交往的艺术，也是看清看透别说破的要义之一。

宽容是一种崇高的境界

一个在生活中能够真正迎接和承受各种人生际遇的人，绝对不会是什么平庸之辈，他可能会有忧郁的时候，但灵魂永远不会被恼人的黑云覆盖；他也许会为了成功而兴奋，但不会在得意中迷失了自我。这种人通常都拥有大度的气量，不但能包容敌人的过错，原谅朋友的失误，还能承受住自己得到的任何打击。

青蛙坐井观天，结果封闭了自己的视线，如果我们也像它一样，必然会固步自封，没有任何发展。而一旦我们拥有并且放大了承受的胸怀，就一定会发现眼前是一个全新而又闪亮的世界。能够勇敢地去包容、去承受的人，其人生路上的步伐往往会显得非常沉稳，他们的世界也往往是宽广、阔大、迷人的。

作为人类，我们本质上的沉重感主要来自内心的责任感、期望值和各种压力。而放大能够承受、包容的胸怀，是我们在生活中所必须要学会和拥有的一种方式和需要。生活给予了我们许多东西，或美好的，或不幸的，或快乐的，或悲惨的……因此生活在社会中的我们就必须要有所包容，包容那些需要我们来承受的东西，不管是好的，还是不好的。

面对这千姿百态的生活，我们需要有一种承受的气度和宽容

的境界。承受是一种始终清醒地看待生命的理念,是一种对生活的坦然接纳;宽容则是一种关乎前途发展的自我蓄积,是一种为实现自我而收敛的一种藏拙。

有一个老师傅收了个徒弟,然而由于那个徒弟慧根尚浅,总是抱怨这、抱怨那,师傅感到很厌烦。于是一天早上他就派徒弟去食品店里取一些食盐回来。徒弟很不情愿,虽然纳闷,但他还是去了。当这位徒弟把盐取回来之后,师傅就让他把盐倒进水杯里喝下去,并问他喝了之后感觉如何。

徒弟喝下去不到一秒钟,就全吐了出来,嚷道:"咸死了,咸死了。"

师傅笑了,让徒弟带着一些盐去湖边,徒弟很迷惑的跟着去了。

他们一路上什么也没有说,默默地走到了湖边。

到湖边之后,师傅让徒弟把盐撒进湖水里,然后让他喝点湖水,徒弟照着师傅说的做了,师傅问道:"现在你喝到的水是什么味道的?"

徒弟很高兴地说:"很清凉、甘甜,很好喝呢。"

师傅又问道:"那你尝到咸味了么?"

徒弟摇摇头:"没有呀。"

师傅笑笑,拍拍身边的草地让这个总是怨天尤人的徒弟坐下来,然后握着他的手,语重心长地对他说道:"我们的心里能承受痛苦的大小决定了你痛苦的程度,佛告诉我们要六根清净,就是不想我们被太多的俗事牵绊。如果你还是感到痛苦的话,就把你的内心放大一些,让它变成一个湖。"

就像这位师傅说的,只有用一颗宽容的心,去包容那些人生中的各种变故和打击,我们的人生才有幸福可言。对于人生中的那些幸福与苦难而言,假如没有能够超越自我的气概和善于内省

的精神品质，就不可能在苦难来临的时候依旧保持一个淡然沉稳的自我；假如没有对世事人情的彻悟、了然，拥有一个洒脱自守的生命情怀，就不会在幸福的包围之中仍然保持一个恬然自如的心境。

只有放开心胸，勇敢地去承受一切，人生的境遇才能美丽与苦涩并存，人生的滋味——酸甜苦辣，才能一个都不会少。放大自己的胸怀，去包容生活中各种不平和的是是非非，才会显得我们拥有良好的修养和博大的人格魅力。

然而，宽容并不是所谓的道貌岸然的谦谦君子，也不是窝囊，不是放纵，更不是不辨是非的放弃自己的原则。而是建立在清醒和理性的基础上的无上智慧，是对人世间的是非曲直的通透了然。

懂得尊重别人，理解别人，善待别人的人，就拥有宽容的美德；从善良的愿望出发，常常为他人着想，为大局着想的人，就拥有宽容的心灵；懂得求同存异，团结不同意见的人一起工作，哪怕是对曾经的敌人，也毫不鄙弃、不猜疑的人，一定是走到了宽容的最高境界。

大凡历史上有所功名成就的英雄豪杰，没有一个不是气度恢弘、心胸开阔的人中之龙，也没有一个不会善用"宽容"这一处世的法宝。

"春秋五霸"之一的楚庄王，是一个非常有魄力的帝王，他"一鸣惊人"的事迹，直到今天还总是被人们津津乐道，而下面这一则脍炙人口的故事则显示了他作为帝王，所拥有的宽厚待人的气魄和胸怀。

春秋时期，一次，楚庄王在平息斗氏之乱时，6年没有喝酒，没有听过丝竹管弦之声，在叛乱平息之后，楚庄王非常高兴，便在宫中设宴招待有功的将士们，宫殿里一片热火朝天的景象。喝了不一会，庄王来了兴致，于是便召唤出最宠爱的妃子许姬，轮

流替大臣们斟酒，并跳舞助兴。

大家正在闹腾的时候，忽然一阵大风把所有的蜡烛都吹灭了，宫中立刻一片漆黑。在黑暗中有人趁机扯住许姬的衣袖，想要亲近，许姬便顺手拔掉那人的帽缨挣脱开，然后跑到庄王身边告诉他说："大王，有人想趁黑暗调戏于我，我已拔下他的帽缨，还请大王快快吩咐点灯，看谁没有帽缨，就把他抓起来处置了。"

谁知道，楚庄王听说之后，对许姬说道："且慢！今天我请大家前来喝酒，他们都是一群粗豪的汉子，酒后失礼也是常有的事，不宜怪罪。再说，下面的众位将士为国效力，我怎么能为了显示你的贞洁而辱没我的将士呢？"说完，庄王就不动声色地对下面的将士们喊道："各位，今天寡人请大家喝酒，大家一定要尽兴，现在我命令你们在亮灯之前把帽缨都拔掉，不拔掉帽缨不足以尽欢！"于是所有人都拔掉了自己的帽缨，庄王这才命宫人重新点亮蜡烛，宫中又陷入了一片欢笑之中，到了深夜，所有人都尽兴而回。

3年后，晋国侵犯楚国，楚庄王亲自带兵迎战。在双方的交战中，庄王发现自己军中有一员名叫唐狡的将官，总是奋不顾身地冲杀在前，楚国的众位将士也在他的影响和带动下斗志高昂，奋勇杀敌。后来两军交战，晋军大败而回，楚军得胜转回。回宫后，楚庄王就把那位叫做唐狡的将官找来，问道："你在此次战争中真的是奋勇异常，可是寡人平日里好像并没有给过你什么特别的恩惠，你为何还要冒死奋战呢，这样不是很傻？"

那将官跪在宫阶前，低着头回答说："大王还记得3年前大宴群臣的时候，有人失礼冒犯了妃子，臣就是那个被王妃拔掉帽缨的罪人啊！臣酒后失礼，本该处死，而大王不仅没有追究、问罪，反而还设法保全我的面子，这令我深深地感动，对大王的恩德铭记在心。从那时起，我就时刻准备用自己的生命来报答大王的恩

德。这次上战场，不正是我报恩的绝好机会么？所以我才决定不惜生命，奋勇杀敌，就算是战死疆场也不足以报答大王的恩情，就是战死疆场也在所不辞。"唐狡说完之后，早已泣不成声。

他的一番话，使庄王和在场的所有将士深受感动，庄王于是走下台阶将他扶起，并随后把许姬赐给了他。

楚庄王不计小节，终得良将，这就是极度宽容带来的意外收获。俗话说得好："处世让人一步为高，待人宽厚一分是福。"宽容是一种境界，一种风格，它像春风，抚慰人心，它像阳光，温暖人心。

超然者，举重若轻；聪慧者，拿大放小；博大者，虚怀若谷；宽容者，与人为善。多一分宽容，就会少一分狭隘，多一分坦荡；多一分宽容，就会少一分烦恼，多一分宁静；多一分宽容，就会少一分怨气，多一分人气。佛家常说：宽容不仅仅是一种修养，更是一种境界。

宽容别人也无须苛求自己

中国人自古以宽容为美德，故有"将军额上可跑马，宰相肚里能撑船"的说法。宽容，不论对人对己来说，都会成为一种无须投资便能大把收藏的"精神财富"，学会宽容不仅有益于个人身心健康，而且对保持家庭和睦、幸福，人际关系良好，事业、前

途的光明都有极大的帮助。因此，在日常生活中，我们要努力修炼自己，不管是对人还是对事，都需要有一颗包容、忍耐的心，宽容失败，宽容流言，宽容冷漠……

宽容，意味着一个人的自爱达到了一种境界，一种能够使自己做到开朗、诚实的态度，一种能够在生活中保持乐观进取心态的程度；宽容，意味着我们不仅要学会对所有影响到我们的错误和经历心怀感激之情，还意味着一种善意的理解和理解之后的爱和关怀。

宽容他人首先要学会宽容自己。宽容自己并非是纵容自身，二者不可混淆。一个人必须首先要学会爱自己，接受自己所有的优缺点，有则改之，无则加勉。一个人在世上走，说到根本上，就是靠自己。如果自己都不去爱惜自己的话，指望别人是没有希望的。所以，我们一向反对对自己尖酸刻薄、妄自菲薄。无论自己制定了怎样的目标，无论对自己有多么高的要求，都应该把握好分寸，不能和自己太过较真，不能够给自己太大的压力。我们主张时时肯定自己成绩的原因也在于此。

一个人要学会宽容自己的错误和不足，不能因为一点点小失败就垂头丧气，或是自暴自弃，或是变本加厉地压迫自己，不达目的誓不罢休。这样的做法都是没有任何意义的。善待自己，是很重要的。把握好分寸，鼓励自己，或是向自己施加压力，才是明智之举。

但是宽容自己也应该把握好一定的分寸。不能压迫自己，但是也不能纵容自己。宽容总是有一个限度的。不能因为爱自己，体谅自己，然后就无限度地原谅自己，给自己的过失找各种各样的借口。压迫和纵容是问题的两个极端，都是应该被杜绝和规避的。

要懂得宽容自己，要做的就是不再计较既成的事实，对事实

作适度的反省就足够了。不管事实有多么地严重，或者多么地牵动你的心思，都不重要，因为你没有能力再去改变什么。关键是要调整好心态，面对以后的日子。人总是要在能够把握住的东西上花费时间和精力的，这才是有意义的。我们需要博大的胸襟来宽容自己，来宽容他人。

为人处世中，对别人宽容，则是一种修养和宽大胸怀的表现。俗话说的好："花无百日红，人无千日好"，谁能没有马失前蹄的时候，谁能没有不清醒的时候，谁能避免自己永远都不犯错误呢？一个人在遭遇挫折的时候，最需要的就是别人的理解和宽容，而不是无休止的说教和求全责备。

做人贵在有宽容之心。"知错能改，善莫大焉。"无论对方的行为导致了如何恶劣的后果，只要他已经认识到自己的错误了，那么就应该以一颗宽容的心来对待他。如果说在做事过程中忍耐多少掺杂了无可奈何的作料，那么宽容则是做事中发自内心的襟怀坦荡。

宽容别人其实就是宽容自己，不苛求别人也就是不苛求自己。在这个过于拥挤的繁杂的世界里，在情感的润滑剂日见干涩的情况下，人与人之间的真挚的交往和相处都要通过宽容的方便之门。

晋代丞相王导一天头枕将军周凯的大腿睡觉。王导指着周凯的肚子打趣地说："你肚子里装了什么东西？"周凯说："哦？我这肚子里啊其实什么都没有，但是却容得下像丞相这样的人好几百个。"听了这句话，胸襟宽大的王导并不认为周凯在侮辱他。

宋真宗时，有个以度量宽厚闻名的宰相王旦，他十分爱清洁。有次家人烹调的羹汤中有不干净的东西，王旦也没有指责，只吃饭，不喝汤，家人奇怪地问他为什么不喝汤，他说，今天只喜欢吃饭，不想喝汤。还有一次饭里有不干净的东西，王旦也只是放下筷子说，今天不想吃饭，叫家人另外准备稀饭。

法国作家雨果说："世界上最宽阔的是海洋，比海洋宽阔的是天空，比天空宽阔的是胸怀。"以肚量襟怀比喻人的宽容，颂扬一个人的气度和胸襟，古今中外盖莫能外。

明代朱衮在《观微子》中说过："君子忍人所不能忍，容人之所不能容，处人所不能处。"

伟大的思想家孔子有圣言道："君子坦荡荡，小人长戚戚。"胸襟平坦宽荡，才能寝食无忧。"泰山不拒拯土，故能成其高；江海不拒细流，故能成其大。"为人不必过于刻薄，与人交而无怨，得宽怀处且宽怀，有宽容之心，最终得利的是自己。

惟有宽容才得人心

有大作为的人决不会为了个人的恩怨而弃大义于不顾，他们往往会在大义面前放弃自己的个人利益，容忍别人对自己的误解，相信早晚有一天他们会明白自己的良苦用心，并最终得到这些人的信任和佩服。

蔺相如两次出使，保全赵国不受屈辱，立了大功。赵惠文王十分信任蔺相如，拜他为上卿，地位在大将廉颇之上。

廉颇很不服气，私下对自己的门客说："我是赵国大将军，出生入死，立了多少汗马功劳。蔺相如不过耍耍嘴皮子，有什么了不起的？现在他竟然爬到我头上来了。哼！我见到蔺相如，总要给他点颜色看看。"

廉颇的话传到了蔺相如耳朵里，蔺相如就装病不去上朝。

一天，蔺相如带着门客坐车出门，正是冤家路窄，老远就瞧见廉颇的车马迎面而来。蔺相如立即叫车夫把车退到小巷里去躲一躲，好让廉颇的车马先过去。

这件事可把蔺相如手下的门客气坏了，他们责怪蔺相如不该这样胆小怕事。蔺相如对他们说："你们看廉将军跟秦王比，哪一个势力大？"门客说："当然是秦王势力大。"蔺相如说："对呀！天下的诸侯都怕秦王。为了保卫赵国，我就敢当面责备他。怎么我见了廉将军反倒怕了呢？因为我想过，强大的秦国不敢来侵犯赵国，就因为有我和廉将军两人在。要是我们两人不和，秦国知道了，就会趁机来侵犯赵国。就为了这个，我就得忍让点儿。"

有人把这件事传给廉颇听，廉颇感到十分惭愧。于是，廉颇赤裸上身，背着荆条，来到蔺相如府上请罪。见到蔺相如后，廉颇说."我是个粗人，见识少，气量窄，不知道您竟然这么宽宏大量，这么忍让我，我实在没脸来见您。请您责打我吧。"

蔺相如连忙扶起廉颇，说："咱们两个人都是赵国的大臣。将军能体谅我，我已经万分感激了，您怎么还来给我赔礼呢？"

两个人都激动得热泪盈眶，从这以后，两人成了知心朋友。

"廉蔺相交"的故事给了我们深刻的启示，假设蔺相如也是一个小肚鸡肠的人，与廉颇斤斤计较，可能赵国早已被强秦打败了。正是由于蔺相如为了国家，不计较个人利益，以宽广的胸怀，感化了廉颇，才使他负荆请罪。

在现实生活中，有许多事情，当你带着怒气去实现或解决时，不妨用宽容去试一下，或许它能帮你实现目标，解决矛盾，化干戈为玉帛。生活中，可以说不会宽容别人的人，是不配受到别人

宽容的。

宽容，不仅是一种社交的艺术，更是一种做人的度量和伟大的人格。这里有一则美国总统麦金利的故事：

麦金利担任美国总统时，特派某人为税务主任，但是却遭到了许多政客的反对，他们派遣代表进谏总统，要求总统说出派那个人为税务主任的理由。为首的是一国会议员，他身材矮小，脾气暴躁，说话粗声恶气，开口就给总统一顿难堪的讥骂。如果当时换成别人，也许早已气得暴跳如雷，但是麦金利却视若无睹，不吭一声，任凭他骂得声嘶力竭，然后才用极温和的口气说："你现在怒气应该可以平复了吧？照理你是没有权利这样责骂我的，但是，现在我仍愿详细解释给你听。"这几句话把那位议员说得羞惭万分，但是总统不等他道歉，便和颜悦色地说："其实我也不能怪你。因为我想任何不明究竟的人，都会大怒若狂。"接着他把任命理由解释清楚了。

等麦金利总统解释完，那位议员已被他的大度折服。他私下懊悔刚才不该用这样恶劣的态度责备一位和善的总统，他满脑子都在想自己的错。因此，当他回去报告抗议的经过时，他只摇摇头说："我记不清总统的全盘解释，但有一点可以肯定，那就是，总统并没有错。"

毫无疑问，在这次交锋中，麦金利占据了上风。为什么他能占据上风？就是因为他的宽宏大量。在事业上建功立业、取得成就的，绝非是那些胸襟狭窄、小肚鸡肠、谨小慎微之人，而是那些如麦金利般襟怀坦荡、宽宏大量、豁达大度者。

只要有一种看透一切的胸怀，才能做到豁达大度；把一切都看作"没什么大不了的"，才能遇事从容、应对自如。忧愁时，增添几许欢乐；艰难时，顽强拼搏；得意时，言行如常；胜利时，不醉不昏，有新的突破。只有如此放得开的人，才是豁达大度之人。

学会宽容别人吧！它会使你在社会中不被孤立，不被排斥，永远得到别人的关爱和宽容。"人"字的结构就是相互支撑，人，生来就应该相互宽容，因为没有一个人可以独立生存和发展。只有相互宽容，才能构建和谐社会，更好地为国家、为人民服务。只要我们时刻铭记在心——"宽容是美德"，并付之于实际行动中，就会使我们的生活到处充满阳光和欢笑，使我们的人生更有意义和价值！

胸怀坦荡，做人大度

世上有四种人，第一种人对别人严对自己宽；第二种人对别人宽对自己也宽；第三种人对别人严对自己也严；第四种人对别人宽对自己严。第一和第三种人不但给社会制造麻烦，还会给生活带来压力，而第二和第四种人不但使人际变得轻松，而且能给世界带来福祉。第一种人不一定都是小人物，他们对世界的破坏力总是跟他们的权力一样大；第四种人不一定都是大人物，但他们却维系着人类对生活、对未来的信心。

在很多伟大人物身上都会有宽容的美德，所以他们被人尊敬。其中伟人表现其伟大的方式，在于他们对小人物的宽容与体谅。

曼德拉因为领导反对种族隔离政策而入狱，白人统治者在荒

凉的大西洋小岛罗本岛上关押他 27 年。

罗本岛位于开普敦西北方向 7 英里。岛上布满岩石，到处都是海豹和蛇及其他动物。因为曼德拉是要犯，专门的看守就有三人。他们对他并不友好，总是寻找各种理由虐待他。曼德拉被关在总集中营一个"铁皮房"，白天打石头，将从采石场采的大石块碎成石料。有时从冰冷的海水里捞取海带，还要做采石灰的工作。他每天早晨排队到采石场，然后被解开脚镣，下到一个很大的石灰石田地，用尖镐和铁锹挖掘石灰石。

但当曼德拉 1991 年出狱当选总统以后，他在他的总统就职典礼上做了震惊了整个世界的一个举动。曼德拉起身在总统仪式上致辞，欢迎他的来宾。他先介绍了来自世界各国的政要，然后他说，虽然他深感荣幸能接待这么多尊贵的客人，但他最高兴的是，当初他被关在罗本岛监狱时，看守他的 3 名前狱方人员也能到场。他邀请他们站起身，以便他能介绍给大家。看着年迈的曼德拉缓缓站起身来，恭敬地向 3 个他的曾经的看守致敬，在场的所有来宾以至整个世界，都静下来了。他的这种博大的胸襟和宽容的精神，让南非那些残酷虐待了他 27 年的白人无地自容，也让所有到场的人肃然起敬。

曼德拉向朋友们解释说他的牢狱岁月给他时间与激励，使他学会了如何处理自己的遭遇和痛苦。自己年轻时性子很急，脾气暴躁，正是在狱中学会了控制情绪，才活了下来。当他走出囚室、迈过通往自由的监狱大门时，他已经清楚，自己若不能把悲痛与怨恨留在身后，那么他其实仍在狱中。

你不去怨恨，仇恨便不会存在。曼德拉忍受了各种痛苦，并在自己有机会报复的时候选择了宽容，有这种度量和气魄的人，永远不会被生活的困苦所埋没。他用自己的行动表现了自己博大的胸襟和宽容的精神。一个巴掌拍不响，若对于一些事情你越是

在意，仇恨便会越多，最后，它堵住的不仅是你前进的道路，还可能是你送命的因由。

"如果只想幸福一天，最好上理发店；如果只想幸福一周，就去结婚；如果只想幸福一个月，可以去买一匹马；如果只想幸福一年，那就盖一栋新房；如果想获得终生的幸福，就必须当一个充满爱心的人。"这是一句英国的谚语。

不难看出只有充满爱心的人，才能以温柔对待倔犟，用宽容包容苛刻，用热情融化冷酷。这种游弋于爱的空间，人与人之间便没有了仇恨、欺骗和谎言的人生境界或许正是现代社会所缺乏的，同时也是人们所向往的。宽恕不仅是爱心的体现，而且是极高的做人境界，表面上看，它只是一种放弃报复的决定。这种观点似乎有些消极，但真正的宽恕却是一种需要巨大精神力量支持的积极行为。

度量是一种高贵的品质、高尚的境界，是良好的道德表现，是思想修养的体现，更是一种强大的力量，可以产生凝聚力、亲和力和感召力。纵观古今中外，任何有能力的人，任何有抱负的人，任何伟大的人，都不会是心存仇恨的人，他们一定有着宽容、豁达的心胸，历史上也没有哪个心胸狭窄的人可以流芳千古。所以大凡胸怀宽广的人，总是以宽容大度升华人格，使自己在付出爱心的同时，感受到自己的价值，从而增强自豪感和自信心。

沙皇亚历山大常常到俄国四处巡访。为进一步了解民情，他决定徒步旅行。一天，他来到一家乡镇小客栈，穿着没有任何军衔标志的平纹布衣在外走着。当他走到一个三岔路口时，却记不清回客栈的路了。

亚历山大无意中看见有个军人站在一家旅馆门口，于是他走上去问路，他问军官能否告诉他回客栈的路时，那位军官叼着一

只大烟斗，头一扭，高傲地打量了一番身着平纹布衣的亚历山大傲慢地答道朝右走！亚历山大很有礼貌的说了谢谢，继续问道离客栈还有多远！那军人生硬地说一俄里，并且瞥了陌生的亚历山大一眼。

亚历山大抽身道别刚走出几步又停住了，回来微笑着又问了他的军衔是什么？军人猛吸了一口烟让亚历山大猜，亚历山大风趣地猜说是中尉？那军人的嘴唇动了下，意思是说不只中尉。亚历山大继续猜说是上尉？军人摆出一副很了不起的样子，感情是还要高些。亚历山大猜说那么是少校？他高傲地回答是。于是，亚历山大敬佩地向他敬了礼。

这时那位军人摆出对下级说话的高贵神气问亚历山大是什么官？亚历山大也乐呵呵地让其猜，军人猜中尉和上尉时亚历山大都摇着头。少校走近仔细看了看亚历山大又猜是少校，亚历山大镇静地说继续。少校取下烟斗，那副高贵的神气一下子消失了。转而用十分尊敬的语气低声说是部长或将军？亚历山大还是摇头但却说着快了。少校开始结结巴巴地说是陆军元帅吗！而亚历山大最后让其再猜一次。少校的烟斗从手中一下掉到了地上，猛地跪在亚历山大面前，忙不迭地喊着让亚历山大饶恕他。亚历山大笑了说"饶恕你什么？朋友，你没伤害我，我向你问路，你告诉了我，我还应该谢谢你呢！"

一个有着博大胸怀的人，不会斤斤计较个人得失，不会为生活工作中的小摩擦而耿耿于怀，不会为世间繁杂的恩怨是非纠缠不清。一个人只有正确地认识自己，才会有宽恕的胸怀。宽容是一种与人相处的素质，一种时代崇尚的品德，更是吸纳他人长处，充实自我，创造自我价值的良好思维品质。宽恕更是一种必不可少的做人品质，一种正确的做人自我意识的体现。

做人要大度一点，"化干戈为玉帛"，"大事化小，小事化

了"这些都是我国的古话。意思是告诉我们要化解仇恨，而不能使仇恨加深。和大家关系都处好了，总是一件好事。所以做人有了度量，就会有很多的朋友，就算成不了朋友，也能结个好人缘。

狭隘刻薄，害人害己

"大肚能容，容天下难容之事；开口常笑，笑世上可笑之人。"我们常用这两句话来形容佛祖的度量，用在做人方面也再恰当不过。容人是一种做人的境界，我们要达到这种境界，就必须拥有博爱的心、博大的胸襟，还要有一份坦荡、一种气概，它不是"人不犯我，我不犯人；人若犯我，我必犯人"，更不是"你不仁，我更不义"。人间多少悲剧，多少恐怖，皆因人没有容人之心而发生！不能宽容，实和愚昧同义，而且这种愚昧，不是野蛮人和暴徒的愚昧，而是因为他们对于世间的事物认识不清，是一种由隔膜而误会，由误会而发怒，使自己深受其害的因素。

美国总统林肯以伟大的业绩和完美的人格被后人传诵。但他在成长道路上也曾因为爱得罪人而经历了不少的坎坷。林肯年轻时，住在印第安那州的一个小镇上，不仅专找别人的缺点，也爱写信嘲弄别人。且故意把信丢在路旁，让人拾起来看，这使得厌恶他的人越来越多。后来他当了律师，仍然不时在报上发表文章为难他的反对者，有一回做得太过分了，竟把自己逼入困境。

　　1942年秋天,林肯嘲笑一位虚荣心很强又自大好斗的爱尔兰籍政治家杰姆士·休斯。他匿名写的讽刺文章在报纸上公开以后,市民们引为笑谈。惹得一向好强的休斯大发雷霆,打听出作者的姓名后,立刻骑马赶到林肯的住处,要求决斗。林肯虽然不赞成,却也无法拒绝。身高手长的林肯选择了骑马使用剑,请求陆军学校毕业的学生教授剑法,以应付密西西比河沙滩的决斗。后来在双方监护人的排解下,决斗风波才告平息。

　　这件事给林肯一个很深的教训,他认识到批评别人,斥责别人,甚至诽谤别人的事就连最愚蠢的人都会做。而一个具有优秀品质并能克己的人,常常是抛弃恶意而使用爱心的人。林肯从此改变了自己对人刻薄的做法;以博大的胸怀赢得了民心,林肯的教训及成功是值得我们仔细体味的。

　　战国时,齐国有名叫夷射的大臣,经常为齐王出谋划策整治别人,被齐王视为近臣。一次齐王宴请他,由于不胜酒力,他便到宫门后吹吹风。守门人曾经坐过牢,是个无聊之人,欲向夷射讨杯酒吃,夷射对他很鄙弃,便大声斥责,叫他滚到一边去,说他不过是个囚犯,不配向他讨酒吃!守门人想分辩时,夷射已悻悻离去。从此这个守门人对夷射十分愤恨。这时因天下雨,宫门前刚好积了一摊水,状如有人便溺之物,守门人便萌生报复心理。正巧,次日清晨齐王出门,见门前那摊不雅的水迹心生不悦,急问守门人是谁放肆,在宫门前便溺。守门人故作惶恐道:"我不是很清楚,但我昨晚看到大臣夷射曾经站在这里一段时间。"齐王果然以欺君之罪,赐夷射死。

　　如果夷射当时能以容忍之心,不去计较这个人的身份和不光彩的过去,大度地赐他一杯酒吃,不就什么事都没有了吗?就是因为他对一个不起眼的人的肆意侮辱所种下的祸根,为了一杯酒而丧命的确不值得。一杯酒本不足挂齿,但守门人受人格之辱,

岂能不报。我们思考一下夷射遭此借刀杀人之毒计，也是咎由自取。待人刻薄没有容人之度必招祸害。

多一些包容之心，少一些刻薄与睚眦必报，是做人的美德与修养。人与人之间贵在和谐，如果谴责别人的小过失，念念不忘别人的旧恶，将使我们的心受到挟制，心眼狭小，更造成自己与别人相处时的潜藏危机，为自己树立更多的敌人。相反，一个讲忠恕待人之人，心胸开阔，宽恕仁爱，他自身的修养不但臻于完美，与他人之间也是一团和乐。没有敌人，灾难必然也不会降到他的身上了。

历史总是有惊人的相似之处。三国时期的蜀国大将张飞之死，也是因没有容人之心、脾气暴躁、飞扬跋扈，没有战死沙场却死在无名小卒之手。

战功卓越的张飞是刘备帐下一员大将，他在汉中镇守时，得知结义兄弟关羽败走麦城而被害的消息后，日夜痛哭。许多将领纷纷以酒劝解，张飞甚爱饮酒，醉酒后，怒火烧得更旺，对手下的士兵，稍有过失就拳打脚踢，士兵受伤者轻则残废，重则死亡。刘备知道后，劝他宽厚容忍一些，否则早晚会惹祸上身。张飞充耳不闻。

一日，张飞令军中三日内置办白旗白甲，全体军士4日后挂孝攻吴。第二天，末将范疆、张达二人进帐禀报：三军挂孝，数量太多，一时难以备齐，须宽限几日。张飞大怒道："我急着报仇雪恨，恨不得明天就进军东吴，你们竟敢违令，罪不可赦。"当下命令武士各打二人50军棍。打完之后，张飞手指二人说："白旗白甲明天全部交上，不然，将你们斩首示众。"回营后，范疆说："今日受了刑罚，如何筹办白旗白甲？张飞性暴如火，明天若交不出货，你我都会被杀。"张达沉思片刻，说："与其他杀我，不如我杀他。"范疆说："只有这样了。"当天晚上，张飞

又喝得酩酊大醉，躺在帐中呼呼大睡。初更时分，范疆、张达二人各怀利刃潜入帐中，将张飞杀死后，逃到东吴去了。张飞临死前都不知道自己死于何人之手，真可谓"死不瞑目"，让人可悲可叹。

张飞作为蜀国大将驰骋沙场、所向无敌，在人们心中一直是正面形象，和万恶之人确实联系不到一起。可是，为人处世和你的身价地位没有多大的关系，一个人品格优秀、德行高尚，才能到处受欢迎。而一个只想到自己的感受，一点不关照别人，没有一点容人之心的人，必然到处遭到唾弃。

人生在世，容人之心可谓是赢得人缘的保证。学会包容他人，不是一句做作的空话，而是发自内心，形于言表的自然流露。包容他人对自己无意的伤害，是让人钦佩的气概；包容他人曾经的过失，是对他人改过自新的最大鼓励；包容他人对自己的敌视、仇恨，是人格至高的袒露。包容也是人生的一大笔宝贵的财富。同样是一辈子，有的人在不尽的愤恨和埋怨中挣扎着过；有的人在快乐幸福中沐浴着过。包容别人是一种幸福，能让别人心存感激更是一种幸福！不能使自己在琐事困扰中作茧自缚，更不能在无尽争吵中度过此生。

人生中不如意之事常八九，我们何必抱怨上苍。世界上人物各异，好坏并存，我们又何苦去唠叨世态炎凉、世风日下呢？"水至清则无鱼，人至察则无徒。"万物都有其不足的一面，我们为何不以一颗火热的包容之心，来体察它的另一面呢？也许别人万恶不赦，但请不要抱怨，好坏善恶，自有公论。

我们应该分清的是，包容不是面对权贵卑躬屈膝，点头哈腰，更不是畏惧高权而放弃对正义的追求！包容也不是迁就。包容别人的过错，是为了让别人更好地改过，而不是对他的放纵。包容他人不等于放任其自流，那是不负责任。一味地迁就，是溺爱，

是害人之举，若有人称此为"包容"，简直是对"包容"的玷污和歪曲！

为人处世，就要了解人生世态，对于别人的小过失小疏忽，该予以宽容之心去容纳，切不可加以谴责而伤了别人的自尊，不仅影响了人际关系，还为自己的成功之路安置了绊脚石。

宽容别人就是帮助自己

宽容是一种财富，拥有宽容，就是拥有一颗善良、真诚的心。它在时间推移中升值，会把精神转化为物质；它是一盏绿灯，帮助我们在工作中通行。选择了宽容，便赢得了财富。

宽容是解决问题的最好途径。待到你的勇敢战胜了一个个困难，你的慎重一再避免了失误，你的真情融化了别人心头的坚冰，你的让步给双方带来了广阔的天地，你的赞美得到了公众一致认可，人们便会更加理解你、信任你。人与人之间需要宽容、需要理解。宽容是催化剂，可以消除隔阂，减少误会，化解矛盾；宽容是润滑剂，能调节关系，减少摩擦，避免碰撞；宽容是清新剂，令人感到舒适，感到温馨，感到自信，感到世界的美。

我们对人，不要太过苛求，要多一些宽容和理解，只有这样，大家才能心情愉快，和睦相处。

《红楼梦》中的宝钗在宽容方面为我们做出了表率：

在《红楼梦》中，黛玉、宝玉和宝钗之间构成了一种微妙的三角关系。宝玉和宝钗亲近，黛玉一向心怀不满，因而把宝钗视为自己的"情敌"，倘若抓住了机会，黛玉总要对宝钗针砭一番。在这个问题上，宝钗表现出了宽容大度。对于黛玉的醋意、敌意，她不予理睬；就算是某些讽刺挖苦，她也只是作适当的回敬。但是，一旦宝钗抓住了两人和好的契机，就会努力争取，以从根本上消除黛玉的敌意。

有一次，贾母让各位姑娘猜拳行令随意玩乐，黛玉无意中说出了几句《西厢记》、《牡丹亭》中的"艳词"，这引起了宝钗的注意。在当时，这两种剧本都是禁书，黛玉这样的名门闺秀怎可读禁书、说艳词？这会被人指责为大逆不道。尽管当时在座的人并没有听出来，但却瞒不过宝钗。按理说，平时受够了黛玉气的宝钗完全可以在当面或背后把这件事向众人揭露出来，奚落黛玉一番。但是聪明的宝钗没有这样做，因为她敏锐地意识到这是她与黛玉化干戈为玉帛的契机。

事后，宝钗在背后叫住黛玉，冷笑道："好个千金小姐，好个尚未出阁的女孩儿！满嘴说的是什么？"黛玉一听，吓了一跳，知道她指的是自己在酒桌上说艳词的事，就赶紧向宝钗求饶："好姐姐，你别说与别人，我以后再也不敢了。"宝钗见黛玉满脸羞红，也就不再追问，反而开导她今后在这些地方要小心谨慎一些，以免授人以柄。宝钗这一番真心真意的关心说得黛玉既感激又信服，心想自己平常刻薄待她，她对自己还是这样好，也就意识到了自己以往的过失。

聪慧的宝钗为我们做出了宽容的榜样。按照有的人的处理方法，如果真的有一个像黛玉那样屡屡讽刺挖苦、给我们气受的人，我们是断不会一味忍让的。平常忍一忍还可以，倘若有机会抓住了他的小辫子，一定要狠狠地出一口气。但是宝钗却十分清楚，

黛玉与她同居大观园，平日里低头不见抬头见，在近旁树敌只会招来更多的气，而化敌为友就大不相同了。于是，她把本可以掀翻对方的把柄变成了与对方和好的橄榄枝，用真诚与宽容换取了黛玉的信任。适可而止，给对方留下余地，并通过巧妙的交际手段化敌为友，是解决受气问题的一个十分有效的途径。

但凡聪慧的人都是会宽容别人的，因为宽容别人的同时，其实是在帮助自己。人生在世，总是会与各种各样的人打交道，也总难免会产生各种不快与摩擦，怎样处理，怎样对待，不同的人就会有不同的方法了。可能有的人会斤斤计较、睚眦必报；而有的人则以一颗宽容的心大事化小、小事化了，一笑而过罢了。两种态度，自会产生两种不同的结果：我们宽容别人了，别人就会宽容我们，善待我们；而我们对别人苛刻，别人也会反过来以更加恶劣的态度来回敬我们。由此看来，我们宽容别人，其实也是在宽容自己。

一条船在海上行进，无论是近水还是远水，都是支撑船的组成部份，随着船的行进和水的流动，离船近的会离远、离船远的也会靠近。做一个具有宽容心灵的人，你会发现亲人很亲，他们是你休养生息、避风的港湾；朋友很重要，是指引你航行的航标；同事很好，是支持你前进的动力；陌生人也会成为你的朋友或同事，他们一样支撑着你，甚至哪一天还会成为很亲的人。因为有宽容，你会忘记亲人、亲戚、朋友、同事、陌生人的不好；因为有宽容，你会永远记住亲人、亲戚、朋友、同事、陌生人的好；因为有宽容，你会去分享别人的喜悦和成功，所以你的人生旅途充满希望和阳光。

用宽容化解他人的怒气

任何人都会有犯错的时候，每个人都不希望看到错误的产生，原因是犯错势必会影响事情的顺利进行，甚至导致不良的结果产生。也可以说犯错是引发人际矛盾的危险点。

一个人的错误也许会给很多人造成影响，因为人都是处在一个相互联系、相互依存的人际网中。如果因自己的错误给别人造成利益或其他方面的损失，即便这些错误有时是无心的，别人肯定也会生气，要是当时犯错，当事人也正处在烦躁期，如此争执起来，势必会引发矛盾，恶化人际交往关系。所以，当自己犯了错误，并给别人带去伤害，引起别人的愤怒时，一定要积极地承认自己的错误，用宽容的心去接受别人的批评，消除其心中的怒气，化解可能产生的矛盾冲突。

怎样才能在自己犯了错误之后最大限度地化解他人心中的怒气，避免矛盾冲突的产生呢？知错能改，善莫大焉。犯了错误不要紧，重要的是要能及时改正自己的错误。真诚地承认自己的错误，宽容地接受别人的批评，坦率地进行自我批评。有的人明明是自己错了，但还是死要面子，顽固地维护自己虚伪的自尊心，拒不承认错误，这就往往会产生矛盾，也是矛盾的根源。

为自己的错误买单，这是我们每个人都要做到的。如果我们

知道自己错了，肯定是要受到责备的，这时的我们需要自己先主动地认错，心胸宽阔地进行自我批评。接受自我批评不是比挨人家的批评责备会好受得多吗？如果你犯了错误之后，毫不客气而又诚恳地对自己作出指责和批评，这样，别人十之八九都会对你表示敬佩，从而宽恕你的错误，消解心中的怒气。

一位商业艺术家名叫费丁南·华伦，他使用了一个方法，获得了一位暴躁易怒的艺术品主顾的好感。他在自己的回忆录中记录了这样一件事情：

费丁南·华伦认识某一位艺术组长，工作要求非常严格，他不管你是因为什么原因导致过失，都会很严厉地进行批评。每次离开他的办公室时，他总觉得倒胃口，因为他的批评实在过于严厉。有些艺术编辑总是要求他们所交下来的任务立即完成，在这种情况下，难免会发生一些小错误。

一次，费丁南·华伦交了一件匆忙完成的画稿给他，艺术组长打电话给费丁南·华伦，要他立即到他的办公室去，说是出了问题。

正如费丁南·华伦所料，当他到了组长的办公室后，麻烦来了。艺术组长阴沉着脸，严肃地坐在那里，皱着眉头死盯着那份稿子。看到费丁南·华伦进来，只是面无表情地看了他一眼，火山爆发般对他进行了一通批评，然后直直地看着费丁南·华伦等待他的反应。费丁南·华伦知道，这时候不管他做怎样的解释都是徒劳的。于是，他想到了这正好是他运用所学到的自我批评的机会。因此自我批评道："组长的话不错，自己的失误一定不可原谅。自己为组长画稿这么多年，应该知道怎么画才对，因此觉得十分惭愧。"组长脸上出现了诧异的表情，虽然只是转瞬即逝，但费丁南·华伦知道自己的方法起到了效果。

于是费丁南·华伦继续进行自我批评，并很真诚地接受组长的

批评和指责。听了一会，在费丁南·华伦说话的间隙，组长开始委婉地为他辩护起来，虽然费丁南·华伦的话不错，不过这终究不是一个严重的错误。只是……费丁南·华伦打断了他的话说道："任何错误要付的代价都可能很大，叫人不舒服……"在费丁南·华伦说话期间，组长一直想插嘴，但费丁南·华伦却不让他插嘴。费丁南·华伦继续说自己应该更小心一点才好，组长给自己的工作很多，照理应该使组长满意，因此，打算重新再来。

组长听到华伦的话急切地反对起来："不用！不用！其实华伦做的稿子自己一直都蛮欣赏的，虽然偶尔有点瑕疵，但总体上是很好的……"组长开始赞扬华伦的作品，告诉他只要稍微改动一点就行了，还说他的错误只是一点小错，不会多花公司多少钱，要华伦不要太担心，不要有心理负担。至此，这位艺术组长的怒气消然无存，对华伦从最初的不满变为非常欣赏。最后，组长还邀华伦同进午餐，分手之前，组长开给华伦一张支票，又交代他另一件工作。

通常情况下，人们都会为自己的错误辩护，认为通过辩解能够消除别人对自己错误的怨怒。但是，假如事情真是你的错，辩解只能让对方觉得你是在逃避责任，只会给人更坏的印象。如果能坦诚地承认自己的错误，则会真正地得到他人的谅解，得到别人的欣赏和尊重，并借此化解人际交往中的矛盾冲突。由此看来宽容是一种超然的人生境界，是一种退一步海阔天空的释然。

作家艾柏·赫巴那尖酸刻薄的笔触经常惹起一些人的强烈不满，也是曾闹得满城风雨的最具独特人格的作家之一。但是赫巴以少见的为人处世的技巧，巧妙地化解了别人心中的怒火，凭借他宽广的胸怀、宽容的态度，使那些原本对他心怀恼怒的人成为自己的朋友。

当有些人读完他的作品后，因不满他文中某些言论或观点写

信给他，在这些信中，除了表示对他的文章不以为然外，结尾又痛骂他一顿。而这时赫巴就会这样回答他们：回想起来，自己也不尽然同意自己。昨天写的东西，今天不见得全部满意。他很高兴写信人对这件事的看法。下次来附近时，欢迎驾临，大家可以交换意见。赫巴凭借着宽容的态度，真诚地接受别人的批评，不仅获得了大家的尊敬和爱戴，同时也成就了他辉煌的人生。

在人际交往中，当对方生气发怒时，如果是我们正确的时候，要宽容地去理解对方的发怒，试着用温和的、巧妙的方法使对方同意和支持我们的观点，消除对方心中的怒气。如果当对方的怒气是因为自己的错误引起时，就应该勇敢地承担起责任，迅速而坦率地承认自己的错误，心怀宽阔地接受别人的批评。这是一个想要成功的人首先具备的胸怀。

宽容的心就像一望无际的大海，溶解掉一场即将爆发的矛盾冲突。宽容使软弱的人觉得整个世界都是自己的支点，使坚强的人觉得这个世界永远有温柔的港湾。沙漠中，宽容就是绿洲；悬崖上，宽容就是绳梯；绝望时，宽容就是新的希望，新的力量。如果我们想尽可能多地赢得别人的好感、信赖和尊敬，那么我们必须要心存宽容，真诚待人。不斤斤计较别人的指责，勇敢地承担自己的错误，与周围的人和睦相处，这样，我们就能在自己的人生道路上轻松愉快地行走。

最高贵的复仇是宽容

　　宽容地对待别人是一种美德,对自己则是一种升华。我们在赋予生命的同时,也被赋予了一颗宽恕包容之心。

　　一只脚踩扁了紫罗兰,它却把余香留在那只脚跟上,这就是宽容。宽容是一种心态。正因为有了如此心态,弥勒才能笑口常开。冤家宜解不宜结,冤冤相报何时了。常以宽容之心待人处事,必能得到别人的爱戴;睚眦必报,损人不利己,必会步入死胡同,难以斡旋。

　　宽容是一种美德。大千世界,形形色色,倘若以己之优势推人,便会无一良善;倘若以己之喜好遇人,便会无一知己;倘若以己之肚量度人,自会蝇营狗苟。只有宽容他人,才会提升自己。刘备的容人,使他成就了江山;曹操的多疑,使他损兵折将。虚怀若谷的人,人皆爱之;小肚鸡肠的人,人皆远之。宽容,会使你的交友圈子越来越大,我为人人,人人为我。

　　生活中我们常常会为别人的升迁、别人的得志、别人的发财、别人的艳遇而心怀芥蒂,心态失衡,难以做到镇定自若、安之若泰。那么,宽容就如一剂醍醐灌顶的良药,使你在悬崖边止步,心如止水。一个人若是做了私欲与诱惑的奴隶,定会为名所累,为利所羁,为情所困。常常艳羡别人的一夜暴富、一步登天,自

会常怀戚戚之心、常恨命运不公。那样，必会使人心浮气躁，难得安宁。只有宽容，才会使人不慌乱、不急噪、不屈不就，达到"自信人生二百年，会当水击三千里"的博大境界。

人生若棋，常守宽容之心，便会进退自如，游刃有余，不骄不躁；人生若酒，常抱宽容之志，便会多寡由人，气定神闲，不贪不滥；人生若书，常怀宽容之念，便会取舍随心，亦道亦仙。姜太公直钩垂钓，痴心不改，是一种执著；陶渊明采菊东篱，荷锄归去，是一种从容。儒家的仁政，墨家的兼爱，道家的无为，佛家的慈悲，无不包含了博大精深的宽容的哲学。

雨果曾说："世界上最宽阔的东西是海洋，比海洋更宽阔的是天空，比天空更宽阔的是人的胸怀。"是啊，若无宽恕，生命将被永无止境的仇恨和报复所控制。屠格涅夫也曾说："不会宽容别人的人，是不配受别人宽容的，但谁能说自己不需要宽容呢？"确实如此，正如苏霍姆林斯基所说："有时宽容引起的道德震动，比惩罚更强烈。"让我们用一颗平常心去欣赏宽容之美吧！只有事事处处时时宽容，才能达到人生的大智慧，高境界；只有把生命的哲学修炼到宽容的高度，才能使心灵的百花园花更红，草更绿，风光无限！

曾有记者采访成名后的托马斯·爱迪生，让他谈谈对小时候打聋他耳朵的那位列车员的看法。令人意外的是，爱迪生并没有大肆地辱骂那位列车员，他没有以自己的声望去压倒那位列车员。而是幽默、机智地回答道："我感谢他，感谢他给我一个无人喧嚣的环境，使我能够专心致志地完成更多的试验、发明！"爱迪生不仅宽容地对待了这位列车员，而且，还从这次不幸中，找到了发明创造的动力与源泉。

最高贵的复仇是宽容，即中国古话里的"以德报怨"，这是道德的最高标准。当然我们都不是圣人，总是律人而难以律己，但

我们应该学会去宽容；宽容别人的错误、宽容别人的过失、宽容别人的失足、宽容别人的罪恶，把自己当做上帝一样，你去宽容一切，你就是上帝。愤怒是吹熄心灵明灯的狂风。

最高贵的复仇是宽恕对方。了解一切就会宽容一切，原谅别人才能释放自己。饶恕是抵挡仇恨、医治仇恨的良药。用一双新鲜的眼睛看世界，用一颗感恩的心过生活。给你最大痛苦的人，也是你最要感恩的人。

最高贵的复仇方式就是原谅并感化对方。用良知的感化取代"以暴抑暴"，以一种平和的方式，使犯错者的内心产生忏悔，才是处理此类问题的最好方式，才能实现人与人之间的和谐、友爱，让人世间真正达到"真、善、美"的境界。

然而宽容也需要遵循一定的原则，没有批判性的宽容就是纵容。这种行为不仅无法体现人文和谐，反而是一种精神的堕落与悲哀，所以宽容之前尚需三思。人生最大礼物是宽恕，只要你抱着一种宽恕的态度，面对生活中所谓的不幸事件，你就是一个快乐的人，一个受人尊敬的人。

人非圣贤孰能无过，对他人的理解和宽容，自然在无形当中也宽容了自己，谁能说自己是不需要宽容的呢？善待了自己的朋友和身边的所有人，自然就会有人用同样的方式来善待你自己。

人与人之间的交往，是靠一颗宽容的心维持的，不懂得宽容的人是孤独寂寞的，是得不到他人信任的。要想征服他人的心，不是靠武力就能完成的，而是要靠爱和宽容。宽容的力量是一切事物中最伟大、最有号召力的。《孟子·离娄下》中说："爱人者，人恒爱之；敬人者，人恒敬之。"

宽容包含了许许多多的内容，不计较他人的过失是宽容；忘记过去的不愉快是宽容；洒脱地帮助别人也是宽容。每个人都有错误，如果把曾经的错误一直记挂在心上，就会影响自己的思维，

对朋友失去信任，这样不但限制了对方的发展，自己也会被诸多的烦恼缠绕。宽厚待人，容纳非议，乃事业成功、家庭幸福美满之道。事事斤斤计较、患得患失，活得也累。难得人世走一遭，何必让自己活得辛苦。

当同伴不堪入耳的批评、当朋友产生莫大的误解，过多的争辩和"反击"实不足取，惟有冷静、忍耐、谅解最重要。相信雨果的话："最高贵的复仇是宽容"。退一步风平浪静，让一步海阔天空。

斯特恩说："只有勇敢的人才懂得如何宽容；懦夫决不会宽容，这不是他的本性。"得放手时须放手，得饶人处且饶人。

说白了，就是度量大的人福气就大。再说宽容了他人，他人自然会欣赏你，也自然喜欢同你交往。从此，你不再寂寞，不再孤独，遇见困难的时候也有人相助。这不就是福气吗？人活在这个世界上真正需要的是什么？不就是和谐美满幸福吗？

胸怀宽广，享受快乐

有的人是快乐多于烦恼，有的人是烦恼多于快乐。渴望生存的愉悦，追求生命的快乐，是人的天性，但是只有拥有宽广胸怀才能忍受不快，享受快乐。这也是从一个人成长的过程中而产生的两种不同心境。

萧伯纳是爱尔兰有名的剧作家。一天，他的《武器与人》首

次演出,同时大获成功。可是,当萧伯纳走上舞台正准备向观众致意时,突然有一个人对他大声喊叫道:"萧伯纳,你的剧本糟透了!没有人爱看!赶紧收回去,停演吧!"观众们大吃一惊,以为萧伯纳一定会气得浑身发抖。谁知萧伯纳非但不生气,反而笑容满面地向那个人深深地鞠了一躬,彬彬有礼地说:"我的朋友,你说得对,我完全同意你的意见。"他又指了指剧场中的其他观众说:"但遗憾的是,我们两个人反对这么多观众有什么用呢?我们能禁止这剧演出吗?"简短的两句话,引起全场一阵响亮的笑声。那个故意寻衅的人感到自讨没趣,便灰溜溜地走掉了。

要想成为快乐人,就要有宽广的胸襟。宽容是人生的一种智慧,是建立人与人之间良好关系的法宝。聪明人总是借助宽容的力量,实现自己的梦想,成就自己的事业。他们用宽容的智慧让自私的人汗颜,他们用容忍的胸怀代替敌对和报复。

阿尔瓦尔·居尔斯特兰德是一位极高明的眼科医生,他曾获诺贝尔医学奖。居尔斯特兰德不但是一位优秀的医生,还是一位为人豁达、待人宽容的智者。

阿尔瓦尔·居尔斯特兰德的父亲是文诺·居尔斯特兰德。文诺·居尔斯特兰德也是一位眼科医生,他在贫民区办了一个小诊所。诊所很有名气,不但有瑞典国内的患者,连北欧其他国家的患者也常慕名前来找文诺·居尔斯特兰德看病。

当地最有钱的富豪玛尔孟勋爵也在此地创办了一所眼科医院,并且距离文诺·居尔斯特兰德的眼科诊所不远。但是,玛尔孟的医院显得冷落萧条,来看眼病的人不多。有人向玛尔孟勋爵建议,请文诺·居尔斯特兰德来医院主持眼科。但玛尔孟嫉贤妒能,不但以文诺·居尔斯特兰德没有文凭为由将其拒之门外,而且多次贬低文诺·居尔斯特兰德的医术。

阿尔瓦尔·居尔斯特兰德对这种境遇很不满,他发誓一定要干

出个样子来，给父亲争口气。阿尔瓦尔·居尔斯特兰德 18 岁时以优异的成绩考入医学院。5 年后毕业回到父亲的小诊所，接替了父亲。就在这个小诊所里，阿尔瓦尔·居尔斯特兰德 28 岁时获得了博士学位，他的博士论文轰动了瑞典首都斯德哥尔摩，30 岁时他被任命为斯德哥尔摩眼科诊所所长。

玛尔孟简直嫉妒得要命，对阿尔瓦尔充满了敌意，偏偏这时，玛尔孟家的四小姐芬妮得了严重的眼疾。她家医院里的眼科医生都束手无策，只能眼睁睁地看着她一天天走向黑暗。玛尔孟不惜重金，几乎把北欧各国的著名眼科专家都请来了，然而谁也没有办法。两块黑色的云翳盖在四小姐芬妮的瞳孔上，如果不动手术，等于有眼无珠；若手术失败，就可能完全失明。最后还是芬妮提出：去请阿尔瓦尔·居尔斯特兰德治病，这是没有办法的办法。

此时，玛尔孟后悔当初不该把事情做得太绝，恶化了两家的关系，并认为阿尔瓦尔·居尔斯特兰德不会为芬妮看病。他带着绝望的心情去请求阿尔瓦尔，但出乎意料的是阿尔瓦尔·居尔斯特兰德来了，好像完全忘记了玛尔孟歧视、冷落他父亲的过去。不仅如此，阿尔瓦尔慎之又慎、精益求精地为芬妮的眼睛做了手术，结果手到病除，芬妮重见了光明！

为了感激阿尔瓦尔·居尔斯特兰德治病救人的恩情，为了弘扬阿尔瓦尔·居尔斯特兰德的医术和医德，为了弥补嫉贤妒能所造成的裂痕，玛尔孟提议在家乡为阿尔瓦尔·居尔斯特兰德立一尊塑像。但是，阿尔瓦尔·居尔斯特兰德婉言谢绝了玛尔孟的好意。不久之后，他离开了家乡，踏上了到乌普萨拉大学就任眼科教授的旅途。

在工作和生活中，总是要面对很多人与人之间的矛盾和纠葛，如果没有宽容的胸怀，只会使自己的路越走越窄。宽容是一个成熟的人必备的素质，同时也是一种享受快乐的工具。被人嫉妒、

讽刺是痛苦的，但是宽容忍耐却是快乐的，它能够化干戈为玉帛，能体现智者的胸怀与宽厚。

记人之长，忘人之短

阿拉伯著名作家阿里，有一次和吉伯、马沙两位朋友一起旅行。三人行经一处山谷时，马沙失足滑落。幸而吉伯拼命拉他，才将他救起。马沙于是在附近的大石头上刻下了："某年某月某日，吉伯救了马沙一命。"三人继续走了几天，来到一处河边，吉伯跟马沙为一件小事吵起来，吉伯一气之下打了马沙一耳光。马沙跑到沙滩上写下："某年某月某日，吉伯打了马沙一耳光。"当他们旅游回来后，阿里好奇地问马沙为什么要把吉伯救他的事刻在石上，将吉伯打他的事写在沙上？马沙回答："我永远都感激吉伯救我，我会记住的。至于他打我的事，我只随着沙滩上字迹的消失，而忘得一干二净"。这个故事告诉我们，牢记别人对你的帮助，忘记别人对你的不好，这才是做人的本分。

在日常生活中，朋友偶尔的一句话、一个要求、一个行为、一个想法冒犯了你、惹恼了你，让你怒发冲冠、耿耿于怀，甚至于想断绝关系，从此不相往来，更有甚者想利用各种方法报复对方，以解心头之恨……朋友们，当我们遇到这种情况的时候，就要好好地想想秦宓说的这句"记人之善，忘人之过"。

要赞扬别人的善事，不要在意别人的过失；对别人自感惭愧羞耻之事，不要宣扬；听到别人的隐秘，也不要向其他人讲说。谈论他人的是非，只会蒙蔽自己的心性。人们常说，"说人者，人恒说之"。一个人若是不知道谨言慎行，可以预见，这个人将很难挣脱是非的困扰。

在唐、宋之间五代十国时期，五个朝代都请了一个叫冯道的人出来做官，而冯道对每一个君主都表现得极为忠心。对于冯道这种行为，欧阳修骂他"无耻"，认为他丧失了做人的气节。但是，和欧阳修同时代的王安石、苏轼等人却认为冯道这个人很了不起，是"菩萨位中人"。冯道尽管在朝廷中做官，但他本人的生活却十分严谨，从不贪财好色，他在谨慎和圆滑中始终坚持着自己的人生原则。这就是他值得后人肯定的优点，所以不能像欧阳修那样对他加以否认。无独有偶，还有一个历史故事，说的也是这个道理。

《左传》记载：齐桓公和公子纠都是齐襄公的弟弟，而齐襄公为政无道。为了不受牵连，齐桓公在鲍叔牙的帮助下逃到莒国；公子纠则由其老师召忽和管仲护卫，逃到了鲁国。后来，齐襄公被杀，齐桓公在鲍叔牙的帮助下重返齐国，当上了齐国的国君。随后，齐国出兵鲁国。鲁国在齐军的压力之下杀死了公子纠，召忽见公子纠已死，也就自杀了。此时，管仲不但没有自杀，反而在鲍叔牙的举荐下，当上了齐桓公的重臣。

于是，有人说管仲这个人"不仁义"。但孔子却说管仲这个人"很了不起"，因为他后来帮助齐桓公联合诸侯，并没有付诸武力，就使天下得到安宁，而且老百姓也得到了恩惠。孔子说："如果没有管仲，我们今天很可能都成了野蛮人了。他为天下作出了这么大的贡献，不是一个只知道自己上吊，倒在水沟里默默无闻、白白死去的人所能比的。"

　　管仲背弃旧主，为齐桓公做事，对旧主来说的确是不忠、不仁、不义。但是，他为天下人作出的贡献，为天下人尽了大忠、大仁、大义。从这个层面上来说，管仲的做法并没有违反做人的原则。所以，孔子能够辩证地、客观地评价他，充分地肯定他的优点，这就是对人的尊重。

　　其实，每个人都有所长，也有所短。对于缺乏包容心的人来说，他们总是喜欢盯着他人的隐私和缺点不放，并大做文章，开口就会讲出伤人的话。而包容心强的人则善于发现他人身上的优点，夸奖他人的长处，也能够容忍别人的缺点和不足，并且能够从以下几点严格要求自己。

　　第一，不涉及对方的错处。谁都不愿把自己的错处或隐私在公众面前曝光，一旦自己的错误或隐私被人曝光，就会感到难堪或者恼怒。因此，在交际中，包容者一般都尽量避免触及对方所避讳的敏感区。避免使对方当众出丑。

　　第二，不张扬对方的失误。在社交中，谁都可能出点儿小失误，比如念错了字、讲了外行话、记错了对方的姓名或职务、礼节有些失当等。当包容心强的人发现对方出现这类情况时，只要是无关大局，就不会对此张扬，不会故意搞得人人皆知，使本来的小过失变得显眼；更不会抱着讥讽的态度，以"这回可抓住你的把柄"来小题大做，不会拿人家的失误在众人面前取乐。因为，这样做不仅会使对方难堪，伤害对方的自尊心，使对方对自己产生反感或报复心理，而且也不利于自己的社交形象。

　　第三，不让对方败得太惨。在社交中，常会进行一些带有比赛性、竞争性的文化活动，比如棋类比赛、乒乓球赛、羽毛球赛等。尽管这只是一些文娱活动，但是每个人都希望自己能够成为胜利者。有包容心的人，在自己绝对能够取胜的情况下，往往不会使对方失败得很惨且显得狼狈不堪，反倒会有意地让对方小胜

几局，既不妨碍自己总体上的获胜，又不使对方太失面子。否则，可能会让对方产生不愉快的情绪。

　　社会，就是不同社会组织和社会个体的和谐共存体，并且允许人们在遵守共同规则的前提下发展个性。具体处理人与人之间的关系，那就需要将共性和个性分清，既要看到别人的缺点和不足，又要看到别人身上的优点和长处，而且要学他人之长，补自身之短。

第六章

月满则亏，水满则溢
——凡事都要留下回旋的余地

在雕刻技法中有一个原则，眼睛要先刻得小一些，鼻子要刻得大一些。因为眼睛小了，可以刻大，鼻子大了，可以刻小。这是为了进一步完善时，留有修饰的余地。为人处世也理应如此，无论是说话还是办事都应适可而止、点到为止，不可过"满"，也不可说"破"，要为他人也为自己留下回旋的余地。

凡事不必求满盈，智者知止

在道家思想中有这样一个观点，那就是"满招损，谦受益"、"天道忌盈，卦终未济"，这一思想对中国人的为人处世方式影响极大，它告诫人们处世要抱着"致虚守静"的态度，在事业上不要过度好强，在功业上也不可追求绝对的完美，这样才能明哲保身，才不致招来外患。

道家是以虚无为本，认为天地之间都是空虚状态，但是这种空虚却是无穷无尽的，万物就是从这种空虚中产生的。例如老子在《道德经》中说："持而盈之不如其己，揣而锐之不如长保。"这跟俗话所说"老实常存"的做人哲学完全相同，可见"知进而不知退，善争而不善让"就会招致灾祸。

从另一个意义来讲，功业不求满盈，留有余地，也是一种处世方法，比如对于置钱财置家业，求多求尽，而成为守财奴；对于功名地位，求高求上，不知急流勇退，不知预先留几分余地才会安全，那么正应了古圣先贤的至理名言，历史教训就会再现。

"钱，有时不是什么好东西！"对于这一点，江南巨富沈万三是在他60岁那年才悟出的。在"商圣"的行列中，沈万三是一个响当当的名字，他为朱元璋造就了半个南京城，但最后却落了个流放云南、家破人亡的下场，这让后人感慨不已。

当年，张士诚割据平江，沈万三、顾瑛等当地大富户为求得庇护，都曾献金输粮，以示拥戴。不过几乎是与张士诚同时，朱元璋也参加了同乡郭子兴的起义军。

后来，朱元璋凭着自己过人的勇谋获得了军队的统率权，并带领义军攻打到了苏州城下。为了保住自己的庇护神张士诚，沈万三及其苏州城内的巨商大贾个个都鼎力支持张士诚。朱元璋称帝后，极度憎恨这些为张士诚出力的江南富豪，于是便对江南一带格外加重了税负，每亩税粮定成了七斗五升。

在一番审时度势之后，沈万三得出结论："这年头甭管是谁，都认一个钱字。我沈某人最不缺的也是个钱字。钱能逢凶化吉，钱也能带来更多的财富！"于是，在朱元璋大局已定的当口，沈万三决定洗心革面、故伎重施，赶紧做出效忠新皇帝的表示。他率领江浙大户向朱元璋的军队缴纳了税粮万石，以示忠心。

接着，他还以龙角贡献，并献上白金二千锭，黄金二百斤，甲士十人，甲马十匹，建南京廊庑、酒楼等。

不久，他又发现朱元璋虽然定都南京，但建造城墙却面临着严重的资金不足。于是，沈万三突然做出了一个惊人之举，上书自请"助筑都城三之一"，也就是聚宝门 (今中华门)、水西门、两水关在内的这一段。

看来他这步棋没走错，朱元璋终于面露喜色。在完工庆贺的那天，明太祖朱元璋亲自为沈万三斟了酒，并话中带刺地说："古时候就有个白衣天子，号称'素封'。在我看来。说的也许就是您老人家啊！"

沈万三听后，受宠若惊，只顾自地在那里使劲地谢主龙恩，可他没想到，这一记马屁却实实在在地拍到了皇帝的马脚上。

朱元璋想："当初如果不是你极力支持张士诚，我何苦用得了8个月才攻下苏州城？如今你又在我的面前露富，真是不把我

放在眼里。"于是，朱元璋勃然大怒，拍着桌子大叫道："一个老匹夫不把我皇帝放在眼里，居然还胆敢替我犒劳天下之军！简直是个乱民，给我拉出去砍了!"

不过还好，当时"犬脚"马皇后正在朱元璋的身旁。马皇后劝说朱元璋："如今大明初建，如果再随便杀人，就会落下一个滥杀无辜的罪名。沈万三是一个不祥之人，自然也就由上天来处置了，不如免掉他的死罪，改为其他的惩处。"

朱元璋听后，感觉有理，于是便把沈万三全家发配到了云南。到云南时，他已经是一个年过六旬的老人了。在这富与贫、荣与辱产生巨大反差的一瞬间，他从心理上和身体上都难以接受，江南与云南的生活习性、水土气候的差异实在太大，简直是从天堂跌到了地狱。

这次打击不仅使沈家失去了沈万三这个当家人，富气也减去了大半，可谓人财两空。不仅如此，沈万三当时被捕时，周庄镇上株连甚多，有"尽诛周庄居者"之说。幸亏镇人徐民望不避斧钺，告御状至京城，才救下周庄全镇老小。

沈万三的长子沈茂，因为父亲曾捐过重金也谋得一个管理仓库的小官。但是，在后来执行任务时出了纰漏。此时，正是朱元璋看沈万三不顺眼的时候，于是被扣了顶"蓝党"的帽子，脑门上刻了字被发配到了东北的辽阳。

沈茂还有个弟弟叫沈旺，曾经官居户部员外郎，也得了重病，很快便一命呜呼了。这一年，沈家的成年男子都被凌迟处死，而且在被处死前都还要经过严刑拷打，逼出沈家财产的下落。而沈家的小孩则充军到了南丹卫，妇女发配到了浣农局世代为奴。

沈万三露富招致祸患从洪武二十六年一直到洪武三十年才平息下来。沈氏家族因此彻底地衰落下去了。

人们凡事都求全求美，绞尽脑汁企图来达到这个目标。其实

如果不留下几分余地，甚至连造物主都会忌恨，那鬼魂更会来加害。不论何事都不应妄想登峰造极，因为有上坡就必然有下坡，也就是有上台必然有下台的一天，事情到了一定的限度必然发生质的变化。一件事成功了如果不及时总结，不保持清醒头脑反而骄傲自满，沉溺在过去的成功之中，那么就可能使事情走向它的反面。

切忌把事情做得太绝

人们常说："过头饭不可吃，过头话不可讲"。做人万不可把事情做绝，要时时处处为自己留下可以回旋的余地，就像行车走马一样，如果一下奔驰到山穷水尽的地方，就不容易掉头了，只有留下一些余地才行。

有甲、乙两个人，他们在繁华地段各自得到一块面积相等的地皮。甲充分利用这块地皮，建起了一个豪华超市，乙只使用了地皮的一半，也建起了一家超市，无论是经营规模，还是商品的种类，乙的超市都不如甲的。

这两家相邻的超市在同一天开张，经营状况并不相同：大部分顾客涌进乙的超市，而甲的超市生意十分清淡。尽管甲使出浑身解数，但最终仍没有扭转失败的局面，甲怎么也想不通，自己超市的规模要比乙强得多，怎么竟会输给了乙？其实，甲只关注

了彼此的实力，却忽略了一个重要的问题，乙利用那块地皮的一半，修建了一个停车场和休息区，使得顾客有了自己的"余地"，自然大家都来照顾乙的生意。

做人给人留点余地，一般是指一个人在做人的方式方法上。既然都占了理，那么，从做人的角度和多元化的层次方面，又何妨给别人留点面子、一留点余地？

给他人留点余地，其实也就是在给自己留余地。既然人不可能一辈子都不会犯一次错误。那么，当我们今日以大度宽容的处事态度去给别人留做人的余地时，也就是等同于在给自己今后的漫漫人生路披荆斩棘，给自己未来不可预见的人生旅途中，提前预支别人给我们留余地的空间，降低人生路上的风险。

做事给别人留点余地，这既是为人之道，又是一种工作艺术。一位著名企业家在作报告，一位听众问："你在事业上取得了巨大成功，请问，对你来说，最重要的是什么？"企业家没有直接回答，他拿起粉笔在黑板上画了圈，只是并没有画圆满，留下一个缺口。他反问道："这是什么？""零"、"圈"、"未完成的事业"、"成功"，台下的听众七嘴八舌地答道。

他对这些回答未置可否："其实，这只是一个未画完整的句号。你们问我为什么取得辉煌的业绩，道理很简单：我不会把事情做得很圆满，就像画个句号，一定要留个'缺口'，让我的下属去填满它。"

做事给别人留点余地，并不说明自己能力不强。实际上，这是一种管理的智慧，是一种更高层次上带有全局性的圆满。给猴子一棵树，让它不停地攀登；给老虎一座山，让它自由纵横。也许，这就是企业管理用人的最高境界。

有众多的企业主和经营业主，在企业经营管理活动中既有各自独创的招数，也有借鉴他人的经验和做法，这是为数不少的企

业家取得成功的制胜法宝。前面那位企业家做事给人留个"缺口"的做法，则从另一个层面向我们传送了一把开启智慧之门的金钥匙，具有示范和启示作用。

做人做事留有余地，就是多给别人留点好处、说话不要绝对、不要轻易许诺、不要让对方太难堪等等，这些都能给自己留有回旋的余地。如果把所有的事都给做绝了，不给他人发展的空间，别人也会这样地对待你，就会将自己困在一个人际关系的死胡同里面。

是的，做什么事都要留有余地，这是古训，就是说做事不要做绝说话不要说绝，都要给自己留下退路，这样你就可以进退自如，给自己留了个台阶。

生活中的很多事，起因复杂，因此办起事来更复杂。许多时候我们清楚，真理是站在自己这一边的，但这并不意味着，有了道理就可以不依不饶。

少对人说绝话，多给人留余地，这样做其实并不是仅仅为对方考虑、对对方有益，更是为自己考虑、对自己有益。这是对双方都有好处的。

在人际交往中，我们常常发现，有的人能够在交际圈内进退自如，而有人却常常被动，进退维谷。其中，原因可能是多方面的，但无疑与他们不善于在待人处事中留有余地有一定的关系。

《韩非子》中有一则寓言讲的道理很深刻。"桓赦曰：'刻削之道：鼻莫如大，目莫如小。鼻大可小，小不可大也；目不可大，大不可小也。'举事亦然，为其后可复者也，则事寡败矣。"这则寓言故事充分说明了：无论办什么事情都要留有充分的余地，留有退路，才能永远立于不败之地。陈平处理樊哙一事正是这则寓言最好的注解。陈平善始善终，以荣名显世，难道是偶然的吗？难道是头脑简单生性鲁莽之辈能做到的吗？

做事留有余地，给人留有余地，就是给自己留有余地。有事没事，小心谨慎；人前人后，低调前行。生活需要自己不断在反思中去学习。

见好就收，留下余地

生活中，我们常说："做人不要做绝，说话不要说尽。"这就是告诫人们做人做事，一定要懂得留余，见好就收，才能成大事。

廉颇就因为做人做得太绝，蔑视蔺相如，结果呢？还不是要肉袒负荆，向蔺相如赔礼道歉么?！郑庄公因说话太绝，无奈之下只能隧而见母。常言道："凡事留余地，日后好相逢。"不管做什么事，都不能走极端，堵自己的退路。事到难处须忍让，抽身退出要趁早。特别在权衡得失时，务必要做到见好就收。

人无千日好，花无百日红，人生都有高潮和低潮阶段。像玩牌一样，一个人不可能总摸到好牌，一般情况下，一副好牌之后，随之而来的就是坏牌，而见好就收便是最大的赢家。

其实，做人如同打牌，与人相交，不论对待什么样的人，同性知己或者是异性朋友，都要凭着适可而止的心态对待。君子之交淡如水，这是避免势尽人疏、利尽人散的最好方法。真正的友谊，并不是要走得多么亲密，往往在平淡的交往中才能体现出真感情。越是关系密切的朋友，双方若产生矛盾，就越容易反目成

仇。因此说，著名诗句"思恩深处宜先退，得意浓时便可休。"也验证了见好就收的道理。

见好就收，凡事留余地，不光可以运用到利与弊的权衡上，还可以用做阐述退却与逃跑的道理。当别人的势力强过自己，而自己尚且没有因此受到太大损失时，适时地逃跑、退却是保全自己最好的方法，留得青山在，不怕没柴烧。

《三十六计》最后一计是"走为上"；"全师避敌，左次元咎，未失常也。"译为：全军退却，避开敌人，以退为进，待机破敌。

这一计说得通俗一点就是退却和逃跑。当面临对方强大的压力，自己却无力回天时，只有三条道可选择，投降、和谈、退却，如果选择投降，那代表已经完全、彻底的失败了；选择和谈则是失败了一半的象征；可是逃跑、退却并不是人们眼中的懦夫所为，也不是失败的表现，而可能是转败为胜的关键。表面看来逃跑、退却、不是光明磊落的作为，而实际却是最高的战法，它具有切实的可用性，可使人受益无穷。退却一步，海阔天空，留有余地，冷静思考，重整旗鼓，补充实力，以待他日卷土重来，重新再战。

其实，以上的说法只是为了阐述一条做人的大道理，那就是"随退随进"。所谓随退随进，并不是懦弱的象征，而是生存的一种大智慧。苏东坡在《与程秀才书》中曾讲道，将自己的全部命运，完全交由老天爷决定，听其运转，顺流而行，如果遇到低洼就停止下，这样不管是行，还是止，都没有什么不好的了。在苏东坡这一说法中，强调的是，人应当顺应天意，进退不强求，这就好比是大自然的阴晴，月亮的醋缺，四季的更换，天气的冷暖。所有美好的事情，都只是人们对美好生活的向往，人生在世能一帆风顺真的很难得，有失意的时候也有得意的时候，要做到能屈能伸，进退自如，见好就收，给自己留有回旋的余地。

庄子曾讲，"穷通皆乐"；苏轼则言，"进退自如"。不管

是庄子的主张，还是苏东坡的看法，其实都指的是同一种做事策略。穷通说的是人实际的境况遭遇，而进退说的是人的主观态度、行动。事不要做绝，话不要说尽，凡事留有余地，为自己留条后路。特别是在利弊面前，更应该见好就收，这是做人必须掌握的处事之道。

适可而止，方能游刃有余

人在社会，无论是做人还是做事，都要学会留有余地。树与树之间，留有间隔，才能长得茂盛粗壮；人与人之间，保持一定的距离，才能避免双方之间的摩擦与纠纷。话不可说满，事不能做绝。留出一定的余地，才有足够的回旋空间。所谓天无绝人之路，就是说上天都会为每个人留有一定的转机，留有选择的余地。留有余地，才能万事做到均衡，对称与和谐；留有余地，才能做到进退自如，从容且任意。做事时给他人留下余地，也就为自己留下了余地。相反，如果我们做事不留余地，那么，以后遭灾的也许就是我们自己。

在这个充满挑战、充满风险的社会里，我们的生活、职业、娱乐、思维方式都将发生很大变化。要想在这样的环境里很好地生存下去，那么做事就必须要留有余地。

清末时期的重臣曾国藩是一位十分善于包容别人的人。他主

张为人处世要"举止端庄，言不妄发"，在待人接物的时候多为对方留出一点儿余地。

人的脚占地不过几寸大小，然而在咫尺宽的山路上行走时，却很容易跌落于山崖之下；从碗口粗细的独木桥上过河时，也常常会坠入河中……这是为什么呢？是因为脚的旁边已经没有了余地。人若想在社会上站稳脚跟，就必须使自己的脚底下宽阔一些。

《红楼梦》中有这样一句话："身后有余望缩手，眼前无路想回头。"意思是说人们风光时，凡事要留下余地，否则，一旦身陷困境，想回头就难了。

当然，留有余地也要讲究分寸，余地留得过多就是保守了。三国时的诸葛亮伐魏时，为了给自己万一兵败留下余地而取道祁山，结果六次皆败，最后饮恨五丈原。假如他能听取魏延的意见，冒一次险取道四川，也许历史上三国归晋的说法将会被改写。相反，秦朝末期项羽的楚军灭秦时项羽没有给自己留下一分余地，渡河后破釜沉舟，烧庐舍持三日粮。结果这正激发了战士们的斗志，大家奋力一搏，一举将当时不可一世的秦帝国打得一败涂地，最终宣布了秦朝残酷统治的结束，楚霸王也就一战成名。

因此，不论我们做什么事情都要为自己留下一定的余地，只有这样才能立于不败之地。

在美丽的大森林里，居住着许许多多的动物，狼是中间最狡猾的。在山脚下有个洞，各种动物都由此通过。狼非常高兴，它想，守住山洞就可以捕获到各种的猎物。于是，它堵上洞的另一端，单等动物们来送死。第一天，有一只山羊经过，狼赶忙追上前去，山羊拼命逃窜。突然，山羊找到了一个可以逃生的小洞，从小洞仓皇逃窜。狼很生气地把小洞堵死了，心想，这下就再也不会失败了！

第二天，有一只兔子路过，狼连忙起身奋力追捕，结果，兔

子找到了更小一点儿的洞，并从洞口逃生。于是，狼又把类似大小的洞都堵上。还心想，这下可就万无一失了，别说羊，就是与兔子个头接近的狐狸、鸡、鸭等小动物也都跑不掉。

第三天，跑来了一只松鼠，狼马上飞奔过去，追得松鼠是上蹿下跳。最终，松鼠还是从洞顶上的一个通道跑掉了。狼为此非常气愤，于是它一气之下堵塞了山洞里的所有窟窿，把整个山洞堵得个水泄不通。干完后，还对自己实施的"绝妙"措施非常满意。

然而，第四天，突然来了一只老虎，狼吓坏了，拔腿就跑，老虎穷追不舍。狼在山洞里面跑来跑去，可是苦于没有出口，无法逃脱，最终，这只狼被老虎吃掉了。

不给别人留有余地，自己也将没有了出路。人生最大的智慧就是凡事懂得留有余地。

任何事做到"适可"才是最好的。如果换一个积极的角度来诠释这句话，就是一个人在得意的时候，给自己留条退路；一个人在失意的时候，给自己找条出路。这也正是我们通常所说的凡事都不要做尽。

有这样一句富有哲理的话："从来茶倒七分满，留下三分是人情"。"月盈则亏"，品茶以清心，清心以虚怀。给自己的心灵留下想象的空间，盛装起美好的追忆；给自己的思想留下空间，从而去吸纳更高深的智慧；给自己的事业留下空间，从而去拥抱人间更多的机遇。

世上早有"为人处世和说话办事要讲分寸"的劝勉，然而对于"分寸"到底在哪里，大多数人却是未必能够说得清。而能够说清楚"分寸"这两个字之人，都是十分聪明、练达与城府极深的人。也正是凭着这些对人事的明达、老成与世故，才使得他们跻身于成功者的队伍之中。

　　通往成功的路有千万，然而每一条路上都布满了"分寸"。不论是同人说话，还是与人办事，都深深蕴藉着分寸的玄机。一个人如果把握不好分寸，自然也就说不好话，办不成事，更别说愉快地与人交往了。历数古今中外所有的成功者，特别是那些开国创业之君、霸业之主或那些历朝历代在仕途上春风得意的人，差不多都可以列为是知轻重、懂分寸的睿智之士。人世间的人通常提到的"会说话"、"知礼节"、"会办事"，差不多都是讲究分寸的报偿。

　　分寸是一种不偏不倚、可进可退的中庸处世之哲学。在孔子看来，人间的所有事情如果做得过了头，那么它就违反了世间的中庸之道，也就是遇事不讲分寸。"君子中庸，小人反中庸"。

　　在人的一生当中所碰到最多的就是"将事情做到何种程度"的问题。对我们每个人来说，都各有所长亦各有所短，因此，在为人处事时我们要懂得以自己所长去补自己所短，做事留有余地，把握分寸，留自己一种快乐，给别人一份满意。

做事要把握分寸，掌握好"火候"

　　办事要拿捏火候，就是告诉人们做事要把握分寸。弹琴唱歌，余音绕梁；赠人玫瑰，手留余香。流水有回旋的余地，才会减少灾难；江河有涨落的余地，才不至泛滥成灾。因此，我们也可以

把人生比作是一种生活的艺术，人生千万不要装得太满，太满了也就自然失去了生活的乐趣。

在文学艺术当中，"空筐"可以说是一个十分常用的概念，艺术表达不能太满，满了就少了灵气，周止庵在《宋四家词选》中谈如何作词时说："初学词求空，空则灵气往来！"文学艺术只有像"空筐"一样，给作品留有一定的余地，才自然能够丰富读者的情感与想象空间。也就是说，搞艺术是必须要学会留"空白"的。

仔细想一下，也的确是如此。一件事情、一项事业，只能有一个第一。如果总是把争夺第一当作目标，这样就容易患得患失，还不如去填充人生其他的空白处。比如：数学成绩考不了第一，你可以在一些艺术方面去挖掘自己所存在着的潜质；自己没有演员的天赋，也不要总去幻想当什么国际影星……对于每一个人来说，其自身的人生舞台都是非常大的，许多地方都存有自己所发展的"余地"。

大千世界中，许多诱惑与烦恼都是没有什么方法避免的，或者说世俗间的一切会让你失去其真正的自我。虚与实，真与假，更多时候都是互相交织在一起的。虚并非是真正的假，实也不一定代表的就是真。

任何事做到"适可"才是最好的。如果换一个积极的角度来诠释这句话，就是一个人在得意的时候，给自己留条退路；一个人在失意的时候，给自己找条出路。这也正是我们通常所说的凡事都不要做尽。

有一位老人，年已过了70，身体却相当硬朗，声如洪钟，两目有神。有人便请教这位老人家的养生之道，他就仅送出了一个字："半。"

然而这个"半"字隐藏有什么深刻的意思呢？

老人家解释说: "对于半的内在涵义, 就是凡事不可做尽。比如, 生活当中的吃饭, 不要吃得太饱, 半饱是最理想; 做事情, 不要做到非常之累了才休息。中午睡一睡, 三点半喝杯下午茶, 黄昏欢乐时光轻松一下, 都是好的安排, 让身体的状况永远得到调整。正如一辆汽车的汽油, 经常保持半满的状态。切勿每次亮起红灯才去添油, 这样就会十分伤车。喝酒也是, 最过瘾是半醉。半醉的时候, 望出去的世界介乎真与虚之间, 显得十分的奇妙; 如果全醉, 就会自然会失去喝酒的意义。"

"半"还可放到做人处世的哲学高度, "半"就是知足常乐。人生不要强求十全十美, 世间事, 岂能尽如人意, 有一半幸事, 也应无憾了。人无完人, 凡事留有余地才好, 给人留半条后路, 为自身积半点福, 半点德, 这样何乐而不为呢?

老人家这"半"字学问, 确实是非常有道理的。有些人活得不开心, 整天怨天尤人, 唉声叹气, 对于其中的原因其很多都是对人对事过度执著, 一定要最好, 一定要完美, 一定要十分。半点尘埃亦容不下, 如此做人态度, 必然事倍功半, 还会伤身折寿。

如果能够为抱半日安, 笑玩人间, 轻松自在, 则自然多半分钟可活一倍命。

两千多年前的老子说过: 甚爱必大费, 多藏必厚之, 知足不辱, 知止不殆, 可以长久。这说明事物的发展规律是物极必反, 事物太过壮大就会衰老, 东西太过坚硬就容易折断。他独特的思想让中国人坚信以柔克刚, 以弱胜强的道理。如今在西方也流行"半杯主义", 它与老子的处世之道可谓是不谋而合。

留耕道人《四留铭》里有这样一句话: "留有余不尽之巧以还造化, 留有余不尽之禄以还朝廷, 留有余不尽之财以还百姓, 留有余不尽之福以还子孙。盖造物忌盈, 事太尽, 未有不贻后悔者。高景逸所云: 临事让人一步, 自有余地; 临财放宽一分, 自

有余味。如此推理，所有的事情都是一样的。"

这段话的意思是说，不要把技巧使尽，才容易得以去还造物主；不要把俸禄用尽，以还朝廷；不要把财物占尽，以留百姓；不要把富贵享尽，以留给后代子孙。高景逸曾经说："遇到事只要让人一步，其道路自然就会有周旋的余地；办事只要放得宽一点，自然就有其中的乐趣。"如此推而言之，世上一切的事情都是同样的。

古人所谓"工夫在诗外"，是说文人做诗的好坏往往在于他的学问与阅历的深浅，而并不是只在于其诗文的本身。《三国演义》当中的孔明站在空城上吓退几十万大兵，并不是说他有万夫莫开的勇气，而是因为他过去的神机妙算与自身的镇定自如才吓退敌兵。

古人说弓太满则易折，对于一个人来说，为人处世也切忌全力以赴。要能够做到给自己留一点余地、留一分轻松，这样你就自然会多一分从容、多一分洒脱，给自己留一条退路，失败了也不会全军覆没。你只需要用自身3⁄4的力量，这样你就是一个永远的成功与胜利者。

生活当中的很多不快乐都并非是源于自身的不够努力造成的，最大的可能是因为自己不懂得为自己留余地造成的。

如果自己愿意多留给自己一分轻松，在追名逐利的空间里多抽出一点儿时间时不时地抬头看一看蓝天白云，追忆一下天真童趣，那么，心态就自然能够变得更加的恬淡与平和。

批评他人要讲究方式方法

如果说话是一门学问、一门艺术的话，那么批评就是学问之上的学问、艺术之中的艺术。大家在生活中都有这样的体会，即有的人会说话，即使是对他人不利的话也会让人听着受用；有的人不会说话，即便是表扬别人，别人也会听着难受甚至反感。尤其是批评他人时，由于往往涉及到他人的缺点或不足之处，因此，批评的方式恰当与否就显得更加重要。古往今来，很多人之所以赢得人脉，进而成就一番事业，受到人们的尊敬，就在于他们掌握了说话的技巧，尤其是在批评他人时巧妙恰当，既达到了目的，又使人易于接受。通常情况下，在批评他人时，需要遵循以下原则。

（1）态度应温和

常言道，忠言逆耳，良药苦口。对于被批评者而言，即使你的批评再过中肯，无疑也会使其自尊心大大受挫，尤其是一些领导在批评时不讲究方式方法，往往导致被批评者反感甚至无名火起，不仅对于工作没有帮助，反而影响了工作。因此，在批评他人时，首先应该态度温和，尽量在不伤害对方自尊心的前提下做出适当的批评。否则，只会让对方难以接受，得不偿失。同样，当你做到了这一点，你也一定会赢得对方的理解。

小张（男）和小王（女）是北京市某区的城管队员。有一天，二人在巡逻时遇到了一群无照经营者。小张冲上前去抓住了一位卖煮玉米的妇女，厉声呵斥，并令其交纳罚金。谁知那人刚出摊不久，还没卖钱就被抓，心里正有气，再加上小张的呵斥太过严厉，她一气之下索性躺在地上撒起泼来，弄得小张好不尴尬，围观的群众也是连连摇头。没办法，小张只好示意小王上前解围，小王走上前去，对那位妇女说道："大姐，您赶快起来吧，我们也知道你们不容易，但是你们这样做确实影响了交通，您看您在这躺着，如果让您的亲朋好友看见了多不好啊！您要是办个照不是挺好吗？"一席话说得那个妇女有点不好意思起来，她爬起来拍拍衣服上的土说道："你这个同志还行，要都像你这样，我也不想躺在地上，他太欺负人了。其实我早就想办照了。"说罢"痛快"地交了罚款，旁边的人见事情圆满解决了，也纷纷散去。

（2）方式宜间接

在批评他人时，如果不是万不得已，最好不要采用直接批评的方式，尤其是对于一些脸皮薄的人，批评时最好选择拐弯抹角的方式，使其易于接受。

张玲是某学校初中三年级的班主任，一次，她听说学生小梅要举办豪华的生日宴会，于是把她叫到自己的办公室问道："小梅，你的生日派对准备得怎么样了？"小梅不无得意地说："家里都给我准备好了，准备好好地办一场。您知道我是独生子女，所以爸爸妈妈非常疼我。""哦，据我所知，咱们班就只有我不是独生子女。"小梅终于听出了张老师的言外之意，于是她说道："老师，我今天回去就告诉爸爸妈妈尽量办得简洁一些，到时候请老师赏光！"

（3）看待问题应客观

"金无足赤，人无完人"，任何人都不可能做到尽善尽美，某

些缺点更是人们无法克服的。但是"天生我材必有用"，每个人也都有其优点。如果在批评他人时，能够客观地看待其错误，肯定他人的优点，并告诉对方其实他们也很优秀，但是如果他们能够改正某些缺点的话他们会变得更加优秀，无疑会最大程度地保护他人的自尊心，赢得他人的尊敬，并达到我们的最终目的，真可谓一石三鸟。

（4）不要翻旧账

现实生活中，有些人批评人时，为了证明自己的观点是正确的，喜欢翻陈年旧账，把对方过去的错误甚至不足之处一股脑儿地翻出来，事实上，这样做往往令对方难以接受甚至恼羞成怒，最终导致双方不欢而散。

首先，我们应该看到，对于任何一个人来说，错误都是在所难免的，更何况曾经的错误只能代表对方的过去，而现在时过境迁，对方不仅会认为你的批评不是实事求是，而且会认为你是有意责难，无疑会对你的批评产生抵触情绪。

其次，在批评他人时翻旧账，尤其是一些犯过某些关乎人格错误的人，往往会使对方造成你对他的过去耿耿于怀，不肯原谅他的想法，极易使对方产生怨恨心理。

此外，曾经的错误或过失往往是一个人的遗憾或伤痛，而揭开他人伤疤不仅是对人不尊重的表现，而且很容易招致对方的强烈不满，进而影响双方关系。因此，在批评他人时，应该尽量避免翻旧账。

忠告也不能“逆耳”

　　良药苦口利于病，忠言逆耳利于行。忠告的话听起来一般都让人难以接受，甚至会引起他人反感或抵触，取得相反的效果。商朝末年，纣王昏庸无道，丞相比干多次进谏，纣王非但不听，还下令将比干剖心处死。在商业行为中，对领导提出忠告很有可能遭致他的嫉妒，结果自己被炒，走人了事；对于下属的忠告也往往引起他们的不满情绪。在忠告和指责别人的时候，要留些“心眼”，话语中切记要留一些余地，让别人自己来思考，比直截了当地全部说出你的意图效果要好得多。正所谓：热心肠一副、温柔二片、说理三分。

　　要想与某人的关系更进一层，除了一般的关怀和赞美外，还要善于对他的缺点提出善意的批评，对他的不足提出忠告，这样往往能赢得对方的信任，甚至将自己视为他的知己。

　　那么，怎么进行忠告更能让人心服口服地接受呢？

　　(1) 忠告要真诚实意

　　忠告首先应该是对他诚心诚意的关怀。当你对某人提出批评时，如果对方发现你并不是为了关心他才批评他，而是出于你个人的某种意图，他马上会站到与你敌对的立场上。

　　对人提出忠告的时候，应该抱着体谅的心情。他诚然在某些

方面做得不对，但是他可能有难言的苦衷。所以在提出忠告的时候，还要体谅他的难处，不要一味地强求或大加责难。必要的时候要深入他的内心，帮助他彻底地解决"心病"。

（2）忠告从实际出发

忠告要想获得成功，必须了解真实情况，不要捕风捉影。只有了解了事实，你才能清楚地判断是否有必要提出忠告，提出忠告的角度怎么选择，忠告以后会有怎样的效果。如果你是公司的一位职员，对公司的计划背景缺乏了解时就对其提出自己的看法，那么你就不可能获得领导的信赖。相反，他会认为你思考问题不够周到。不了解朋友的意图，就对他的行为妄加非议，他会认为你对他没有尽一个朋友的责任。

凭借听到的信息忠告别人，容易引起误解。这时补救的办法是与他沟通，听听他怎么说，等了解清楚事实之后再想办法消除误解。

（3）忠告要注意场合

要注意，提出忠告，切忌在大庭广众之下。因为提出忠告的时候必然涉及他人的短处，触动他人的伤疤，而每个人都有自尊心，被当众揭短时，情面上很容易下不了台，从而产生抵触情绪。在这种情况下，即使你是善意的，他也会认为你是在故意让他当众出洋相。

（4）忠告要突出重点

提出忠告的时候，要注意简洁中肯，按照"一时一事"的原则。若是进一步回溯起对方过去的缺失，再予以责备，当然会引起对方的反感，不理睬你的好心了。所以要掌握重点，不要随便提及其它的事情是很重要的方法。

（5）忠告要选择措辞

掌握了事实真相和对方的心理，就该拿出勇气来忠告，指出

他应该改正的错误。不过要注意你的措辞，否则就容易得罪人。

"现在的年轻人自以为是"、"别理他，反正我们没有损失"、"这样太可笑了……"作为一名领导，诸如此类的措辞永远都是失败的。领导有指导属下的义务，对下属应有深切的爱护之情，以恳切的忠告作为帮助他们进步的动力，能够很快地获得愉快的人际关系。如果害怕得罪人，一味地保持缄默，做个老好人，最终无法获得良好的人际关系。

（6）忠告要把握时机

在当事人感情冲动的时候不适合提出忠告。因为在他冲动的时候，理智起不到半点作用，他也判断不清你的用意。这时提出忠告，不仅不能解决问题，反而会火上浇油。

（7）忠告要留有余地

在提出忠告的时候要给对方留有余地，不要把他指责得一无是处，否则很容易引起他的逆反心理。"既然我已经这样了，那就干脆一错到底"，最后反而不如不提忠告。必要的时候可以多列举对方的一些优点，比如，你可以这样说："你平时工作努力，表现积极，唯一的缺点就是想问题的时候稍微草率了一点，如果你思考问题再慎重些，就很有前途了。"用这种口气跟他说话，他会备受鼓舞，很容易地接受你的忠告。

忠言逆耳，你的一句话可能赢得他的尊敬，也有可能招来对方的记恨。因而在提出忠告时要注意策略，慎之又慎，点到为止，留有余地是非常必要的。

赞美别人得掌握技巧

赞美是一门学问，其中的奥妙无穷。"赞美"的实质是能抓住赞美的事物的实质。许多人常犯的错误，见了什么都说好，信马由缰，天花乱坠，不懂装懂，本来的赞美之言，听起来倒像讽刺。作为一个赞美者，赞美不适度，反而会适得其反。因此，赞美别人也要掌握技巧和方法。

（1）合乎时宜，适可而止

赞美的效果在于相机行事、适可而止，用一句古人的话来形容便是："美酒饮到微醉后，好花看到半开时。"

当别人计划做一件有意义的事时，最初的赞扬能激励他下决心做出成绩，中间的赞扬有益于对方再接再厉，事成之后的赞扬则可以肯定成绩，为对方指出进一步的努力方向。

（2）情真意切，有理有据

虽然人都喜欢听赞美的话，但并非任何赞美都能使对方高兴。你若无根无据、虚情假意地赞美别人，他不仅会感到莫名其妙，更会觉得你油嘴滑舌、诡诈虚伪。能引起对方好感的只能是那些基于事实、发自内心的赞美。例如，当你见到一位其貌不扬的小姐，却偏要对她说："你真是美极了。"对方肯定认为你所说的是虚伪之极的违心之言，或是在讽刺她。但如果你着眼于她的服饰、

谈吐、举止，发现她这些方面的出众之处并真诚地赞美，她一定会高兴地接受。

真诚的赞美不但会使被赞美者产生心理上的愉悦，还可以使你经常发现别人的优点，从而使自己对人生持有乐观、欣赏的态度。

（3）详实具体，深入细致

在日常生活中，有显赫功绩的毕竟是少数，而大多数人都只不过是普通劳动者。因此，与人交往时应从具体的日常事件入手，善于发现对方哪怕是最微小的长处，并不失时机地予以赞美。赞美用语愈详实具体，说明你对对方愈了解，对他的长处和成绩愈看重。让对方感到你的真挚、亲切和可信，你们之间的距离就会越来越近。如果你只是含糊其辞地赞美对方，说一些"你工作得非常出色"或者"你是一位卓越的领导"等空泛飘浮的话语，只能引起对方的猜疑，甚至产生不必要的误解和信任危机。

（4）审时度势，因人制宜

人的素质有高低之分，年龄有长幼之别，所以赞美应该因人而异，突出区别。有特点的赞美比一般化的赞美能收到更好的效果。老年人总希望别人不忘记他"想当年"的业绩与雄风，所以同他们交谈时，可多称赞其引以自豪的过去；对年轻人不妨语气稍为夸张地赞扬他的创造才能和开拓精神；对于经商的人，可称赞他头脑灵活，生财有道；对于有地位的干部，可称赞他为国为民，廉洁清正；对于知识分子，可称赞他知识渊博、宁静淡泊……

（5）"雪中送炭"胜过"锦上添花"

俗话说："患难见真情。"最需要赞美的不是那些早已功成名就的人，而是那些因被埋没而产生自卑感或身处逆境的人。他们平时很难听到一声赞美的话语，一旦被人当众真诚地赞美，便会

为之一振，说不定还能大展宏图。因此，最有实效的赞美不是"锦上添花"，而是"雪中送炭"。

此外，赞美并不一定总用一些固定的词语，见人便说"好……"有时，投以赞许的目光、做一个夸奖的手势、送一个友好的微笑也能收到意想不到的效果。

世上这样的例子太多了，一个经常赞扬子女的母亲可以创造出一个完满快乐的家庭，一个经常赞扬学生的老师可以使一个班级团结友爱、天天向上，一个经常赞扬下属的领导者可以把他的机构管理成和谐向上的集体。当我们耳闻目睹这些事情时，我们也许就会由衷地接受和学会人与人之间充满真诚和善意的赞美。

公开表扬、刺激和鼓励。对于有成就、贡献突出的员工，应当在全体员工大会上进行公开表扬，这是许多领导者经常采用的一种激励方式。事实证明，这种激励方式虽然简单，但它产生的效果却是十分明显的。为什么呢？因为人的社会性决定了每个人都希望自己能够得到他人的肯定与社会的承认。上司在特定场合对员工的表扬，便是对员工热情的关注、慷慨的赞许和由衷的承认。这种关注、承认，必然会使员工产生感激不尽的心理效应，乃至视上司为知己，更加努力工作，以报效知遇之恩。同时，这种表扬能够激发其他员工的上进之心，从而努力进取为公司创造更大的效益。

有的领导者一味追求效益，而忽略了最为重要的人事管理。只知道用人，而不知道去激励员工，激发他们工作的主动性、创造性。久而久之，一些有能力、对公司做出非凡业绩的员工，就会产生"上司只会利用自己"、"自己只是老板的造钱工具"等思想，并开始在感情上疏离公司，进而工作热情逐渐消沉，然后自行辞职，"跳槽"出去另谋高就。

领导者绝对不能忽视对员工特别是有一技之长、独当一面

的员工对公司的感情的培养。如果要留住他们，就要在他们取得一些成绩时给予充分的肯定，在比较大的场合上进行公开表扬、鼓励。

公开表扬的魅力是巨大的，因为它公开承认和肯定了员工的价值。既能对受表扬的人起到很大的激励作用，又会对其他员工产生推动作用。

赞美是诚心诚意、真真实实上的肯定，而不是虚伪的应酬话，也不是言不由衷的阿谀之辞。莎士比亚说："我们得到的赞扬就是我们的工薪。"所以，赞扬是一笔必要的合理投资，只要做得恰如其分，就能得到意想不到的报酬。

第七章

看清形势，灵活变通

——为人处世要懂得适时变通

变通是天地间最妙的智慧，是智慧中的智慧。规矩原则是死的，而人是活的，所以在生活中我们要懂得变通之道，不强迫自己，也不苛求他人。为人处世知变通，不死扳教条。不墨守成规不斤斤计较，我们就能化尴尬为融洽。变劣势为优势，我们的人生之路也会更加宽广、平坦。

灵活变通，不要总是一根筋

头脑灵活之人，从来不去钻牛角尖，所以这种人也从来不会走到绝路上去。俗话说：变则通，通则活。孙子曾说过："君子慎独"。真正的君子，在没有他人监督的情况下，严格地约束自己，不会做出违反法律及伦常的事来。对于变通者，更要有君子的智慧，只有变通才会有好结果。

张晨是一位精明强干的年轻人，他在一家外资企业里做事。同办公室有位同事，年龄、学历等各种条件都与张晨相仿，只是这位同事在办公室里只用"约翰"这个英文称谓，张晨对此不以为然。

两个条件相近的年轻人在同一处工作，自然会有竞争。时间长了，张晨发现自己的能力和干劲绝对不比约翰差，可是外国老板却对约翰更赏识。常常是他们两人同在办公室办公时，老板打电话把约翰叫去商量事情。而且有一次晋升的机会，老板也给了约翰。张晨感到苦恼，但又不知是什么原因。

不久张晨被派去做一件有难度的工作，他充分发挥才干，事情办得利落漂亮。外国老板非常高兴，夸赞他说："你比约翰要强。"接着又问他："你能否起个英文名字呢？你的中文名字我叫起来实在太费力了。"至此，张晨才明白，原来自己先前与约翰待

遇的差别，是由名字引起的。

张晨后来也起了一个顺口的英文名字。他现在想通了，人要在一定程度上放弃固执，来顺应大的环境，与时俯仰。特别是当你向着某个既定目标努力时，如处处执拗，那样的话只能被环境所淘汰。

变通讲究灵活，它不从一个角度看问题，而是时常变换几个角度，从而找到合理的解决办法。

做事要学会灵活变通。在实际工作中，任何事物的发展都不是一条直线。智慧之人能看到直中之曲和曲中之直，并能不失时机地把握事物迂回发展的规律，通过迂回应变，达到既定的目标。反之，一个不善于变通的人，"一根筋"只会四处碰壁，被撞得头破血流。

美国的知名政治家斯特拉曾说："对自己而言，最重要的不是别人如何看待你，而是你如何看待他们。"

有一种鱼叫马嘉鱼，长得很漂亮，银肤燕尾大眼睛，平时生活在深海中，春夏之交溯流产卵，随着海潮漂游到浅海。

渔民捕捉马嘉鱼的方法其实很简单：用一个孔且粗疏的竹帘，下端系上铁，放入水中，上端由两只小艇拖着，拦截鱼群。马嘉鱼的"个性"很强，不爱转弯，即使闯入罗网之中也不会停止。所以一只只马嘉鱼"前赴后继"地陷入竹帘孔中，帘孔随之紧缩。竹帘缩得愈紧，马嘉鱼愈愤怒，它们更加拼命往前冲，结果就会被牢牢卡死，最终被渔民所捕获。

当我们遇到复杂的事情时，不能总是一味地固执己见，或无法应对时就束手无策、坐以待毙。只要灵活变通，脑子转快些、灵活点，别"一条道跑到黑"，就可以很好地解决问题。

变通是生活中不可缺少的智慧。有时候我们需要执著，但执著不是固执。做人不能太固执，要灵活变通。善于灵活变通者，

对手也能变为朋友，这就等于为自己的未来添了一条路。因此，要变通你的思路和态度，不要总是"一根筋"扯不断。

我们在日常生活和工作中产生的人际关系也是如此，"一根筋"不但不利于合作，还影响工作效果。工作上的交往不同于个人选择挚友良朋，应该从工作的层面上考虑，尽量搞好彼此的合作。这种合作，是比较宽泛和宽容的。

任何人都有自己的思想、习惯及爱好，如果在与他人合作中，过分强调对方行为性格中与自己的不同之处，就会因为这些微小的隔阂而引起沟通上的障碍，产生好恶，从而影响合作。

现实生活中，几乎每个人都有可能与不好应付的人打交道。交际技巧上也相当重视这方面的问题。绝大多数的人与这种类型的人往来时，心情都相当不轻松、不愉快。如果可能的话，大家都想对他们避而远之。但是，既然无法避免，最好的方法便是正视并面对这种人，并设法寻求解决之道才是。

唯一的克服方法，就是打开心胸，消除偏见以及找出对方的优点，再虚心地跟他接触。这些方法，确实具有正面的意义。然而，在付诸行动时，这种不好应付的人经常不按牌理出牌，所以，想要达成上述的建议并非易事。而且，一般人均很难轻易地从脑海中消除成见。因此，在处理这种人际关系时，必须先在想法上作巧妙的适当的转变。

做人要学会用"变"，要知"变通"之要领。当你遇到阻力而停滞不前，或因困难阻碍难行时，就要灵活变化一下方向，把阻力变成你前进的动力。正所谓"低头也是一种智慧"，低头不是对人臣服，而是一种灵活变通的智慧，是调整状态，相机而动。所以你一定要抛弃你的"一根筋"。

善于变通的人能够认识到，机会就什么而言而成为机会，并会及时采取行动以抓住机会。变通能力需要以洞察力和行动力为

武器，时时与自身固执的心态作斗争。如果固执的心态始终无法根据实际情况有所变通，那么结果一般不会很好。

学会变通多出路

在明朝杨慎的《艺林伐山》中有这样一则寓言故事：

战国时期，秦国有一个精通相马的人，叫孙阳，不管什么样的马，他一眼就可以分出优劣。于是，他经常被四方人士请去识马、选马，人们都尊称他为伯乐。

有一天，伯乐孙阳外出打猎，一匹拖着盐车的老马突然向他走过来，在他面前停下后，冲他不停地叫唤。孙阳摸了摸马的背部，断定这确实是匹千里马，可惜的是，年龄稍大了点。老马专注地看着孙阳，眼神中充满了期待和无奈。孙阳深深地感觉到，太委屈这匹千里马了，它本来是可以奔跑于战场的宝马良驹，不想因为没有遇到伯乐，如今默默无闻地拖着盐车，慢慢地侵蚀着它的锐气和体力，实在可惜可叹，孙阳想到这里，难过得落下泪来。

此后，孙阳深有感触，他想，这世间究竟还有多少千里马被庸人所埋没呢？为了让更多的人学会相马，孙阳把自己多年积累的相马经验和知识整理成了一本书，配上各种马的形态图样，书名就叫《相马经》。目的是使真正的千里马能够被人发现，而不是被委屈地埋没，同时也是为了使自己一身的相马技术能够流传

于世。

孙阳的儿子看了父亲写的《相马经》，觉得相马实在是容易得很。他想，有了这本书，自然不愁找不到好马了。于是，就拿着这本书到处找好马。他首先是按照书上所画的图形去找，没有类似的好马；接着又按书中所写的特征去找，找来找去，终于在野外发现一只癞蛤蟆，与父亲《相马经》中写的千里马的特征非常像，便兴奋地把癞蛤蟆带回家，兴高采烈地对父亲说："我找到了一匹千里马，只是马蹄短了些。"父亲一瞧，气不打一处来，没想到儿子竟然如此愚蠢，悲伤地感叹道："所谓按图索骥也。"

这个故事就是成语"按图索骥"的由来。此寓言有两层寓意，一是比喻按照某种已知的线索去寻找事物，二是讽刺那些信奉本本主义的人，只会机械地照老方法办事，不懂得变通。

人如果不知变通，死守原则，就只有死路一条。俗话说：人挪活，树挪死。种子落在土里长成树苗后最好不要轻易去移动，一动可能就断了根基，很难成活了。而人却不同了，人是有脑子的，遇到了问题可以灵活地处理，一计不成另生一计，总有一个办法是对的。所以说，我们做人做事一定要学会变通，不能太死板，必须具体问题具体分析，倘若前面已经是悬崖了，我们断不能继续奔跑过去。同时也不要被经验束缚了头脑，要敢于冲出习惯性思维的樊篱。执著固然重要，但盲目的执著是不可取的。

美国威克教授曾经做过一个非常有趣的实验：将一些蜜蜂和苍蝇同时放进一只平放的玻璃瓶里，让瓶底对着光亮处，瓶口对着暗处。结果，那些蜜蜂拼命地朝着光亮处挣扎，不断地撞击玻璃，最终气力衰竭而死；而乱窜的苍蝇们，却全部都溜出细口瓶颈，逃了出来。

这个实验告诉我们：在充满不确定因素的环境中，有时我们需要做的，并不是朝着既定方向殊死搏斗，而应该在随机应变中

寻找求生的路;不是对既定规则、经验的遵循,而是对它们的突破,毕竟,计划在很多时候,是赶不上变化的。当然,我们不能否认执著对人生的推动作用,但也应该看到,在一个经常变化的世界里,灵活机动的行动远比有序的衰亡好得多。

只知道执著的蜜蜂走向了死亡,知道变通的苍蝇却逃出了牢笼。执著和变通是两种相对立的人生态度,我们不能单纯地说哪个好哪个不好。单纯的执著与单纯的变通,都是不完美的。只有二者相辅相成之后,根据具体的事件,才能取得最好的成效,我们要学会的是,将执著与变通二者兼顾起来。

随机应变、灵活变通是人生的一种大智慧,这种智慧可以让我们受益匪浅。

孙膑是我国古代著名的军事家,他的《孙膑兵法》处处蕴含着变通的哲学。孙膑本人也是一个非常善于变通的人。

孙膑初到魏国时,魏王要考查一下他的本事,以确定他才华的真假。

一次,魏王召集众臣,当面考量孙膑的智谋。

魏王坐在宝座上,对孙膑说:"爱卿可有办法让我从座位上下来?"

孙膑说:"大王坐在上面嘛,我确实没有办法让大王下来,但是,倘若大王是在下面,我却有办法让您坐上去。"

魏王听了,洋洋得意道:"那也行,"说着便从座位上走了下来,"我倒要看看你有什么办法可以让我坐回去。"

周围的大臣一时哪里反应过来,都在偷偷嘲笑孙膑的不自量力,等着看他出洋相。不料此时,孙膑却哈哈大笑起来:"我虽然无法让大王您坐上去,却已经让大王从座位上走下来了。"

这时,大家才恍然大悟,于是连连称赞孙膑的才华过人。

魏王自此也对孙膑刮目相看,于是,孙膑很快就得到魏王的

重用。

在处理问题时，我们经常习惯性地按照常规思维去思考，倘若能像孙膑那样，学会灵活变通，那么我们定会发现"柳暗花明又一村"。

不仅思考问题如此，在工作上也该这样。在职场上，我们与上级相处的时候尤其要注意灵活变通。上级之所以是上级，其中一个重要因素就是他懂得灵活变通。因此，跟在他身边的人，必定要懂得弹性处事的法则。

所谓灵活变通与弹性处事，跟耍滑头的性格以及做事没有原则是有着本质的差别的。因时制宜，在某种特殊、特定环境之下，配合需求，设计出最好的可行方案，这才是弹性处事。分明已经改了道，此路不通，还偏偏要照旧时那个法子将车开过去，这不是坚持原则，而是死脑筋，是蛮干。

我们都喜欢凡事肯变通、会适应的人，做上级的亦然。倘若别人懂得灵活变通的话，他们不但不用担心这个人会受外在环境影响而情绪变化，导致工作质量下降，而且还可以依赖他在非常时期应付一些棘手事件，屡立奇功。

多角度看待人和事

我们要想在社会上、事业上取得好的成绩，用"一条道走到黑"的行为方式是行不通的，对于明知不可为的事情，我们要及时喊停。既然不可为或者努力了仍然做不好，不如早点觉悟，立刻止步，这样既不浪费自己的时间和精力，也可避免自己错过其他更好的机遇。

英国有一所举世闻名的高等学府，汇集了世界各地的精英学者和聪明学子，这所学府一门课的学费相当于普通家庭一整月的开销，这里的打杂人员，都喜欢穿着工作服四处招摇……

然而，这个人人称赞的高等学府却有着难言之隐，问题就是，它紧邻着一个治安极端差劲的居民区。学校的玻璃经常被居民区那些无所事事的野孩子打坏，学生的车子也常常无端失踪，晚归的师生被抢劫更是家常便饭了。

"这些人简直太不可理喻了，他们根本不配与我们这样的高等学府做邻居！"学校董事会一致通过决议：把那些邻居全部赶走。方法很简单，学校实力如此雄厚，把居民区的房屋和土地全部买下来，增大校园面积。

于是，学校变得很大，但是问题似乎并没有解决。那些居民确实从原来的地方搬走了，但仍然在学校周围，不过是退后一些

距离。隔着簇新的围墙，学校仍然和居民区相接。校园面积大大增加，居民区更加不安定，于是，偷盗、吵闹比往常更加严重了。

此时，一位老教授向焦头烂额的校董事会提出建议：当我们与邻居相处不和的时候，最好的办法不是把邻居赶走，更非将自己封闭，不妨尝试着去了解、去沟通，进而影响、感化他们。

董事们闻言，面面相觑，而后深感惭愧：自己身处世界上最优秀的学府，居然忘记了教育的功能。于是，在老教授的指导下，他们设立了平民实习班，同时让自己的学生深入居民区，去体验去探访，还赠送各种器材给附近的中小学校，免费开设就业辅导班，还帮助有上进心的居民开发致富项目——如此灵活的解决方式还真是管用，学校表面上是付出了许多，其实，收获了更多。

这就是变通与不变通两种行为方式截然不同的效果。

我们中的很多人，常常以为凭借自己的努力与聪慧，可以改变一切，无论社会环境也好，其他条件也罢。如同我们人类主动地"改造自然"一样，最后自然确实得到了巨大的改观，而我们自己也遭受了大自然强烈的报复，温室效应苦不堪言。在漫漫历史长河中，我们如同尘埃一样渺小，在强大的自然面前，我们只是一个小小的蚂蚁，因此，我们要有所为，有所不为，看清自己的实力，不做无谓的牺牲。

分析那些爱钻牛角尖的人和他们做过的事情，我们可以看到，他们总是一厢情愿，忽视周围的客观现实，总是认为自己是正确的，是不可战胜的。他们这一套单凭主观意愿而产生的想法，显然要四处碰壁。爱钻牛角尖的人，终究只能被困死在牛角尖里面。

为人处世，我们不妨进行发散型思维，一路不通，换个角度思考问题。当我们陷入思想的误区，发现自己越往里走越黑暗的时候，要懂得及时反思自己的选择：这条路对吗？这样做正确吗？然后再给自己设计其他多种方法。亡羊补牢，尚未晚矣。

很多时候,当我们不听他人劝阻,自己一意孤行,越走越黑,终于四处碰壁时,我们不妨找一个空旷的地方,小憩一会,或者私下里找一些思想深邃的老者请教,不要赌气蛮干。先做好学生,再当大师傅。重新审视自己的行为,选择正确的方向。

看清形势知进退

生活中无论做人还是做事,都要懂得进退之道,懂得灵活变通之术,遇强则迁,遇弱则攻。要懂得识别当时自己的境况,不要太计较一时荣辱,处弱势时先退几步,欲擒先纵,清除忧患,能屈能伸才能游刃有余。

武则天年方十四时便被唐太宗召入宫中,被唐太宗昵称为"媚娘"。当时宫中观测天象的大臣纷纷警告唐太宗,说唐皇朝将遭"女祸",有一个女人将代李姓为唐朝皇帝。种种迹象表明此女人多半姓武,而且已入宫中。唐太宗为子孙后代着想,把姓武的人逐一检点,做了可靠的安置,但对于武媚娘,由于爱之刻骨,始终不忍加以处置。

唐太宗受方士蒙蔽,大服丹丸,虽一时精神陡长,纵欲尽兴,但过不多久,便身形枯槁,行将就木了。武则天此时风华正茂,一旦太宗离世,她便要老死深宫,所以她时时留心另择新枝的机会。太子李治见武则天貌若天仙,仰羡异常。两人一拍即合,山

盟海誓，只等唐太宗撒手，便可仿效比翼鸳鸯了。

当唐太宗自知将死时，仍不忘如何确保李家江山的长久万代，要让颇有嫌疑的武则天跟随自己一同去见阎罗王。临死之前，李治和武则天都在他床边，他当着太子李治的面问武媚娘："朕这次患病，一直医治无效，病情日日加重，眼看着是起不来了，你在朕身边已有不少时日，朕实在不忍心撇你而去。你不妨自己想一想，朕死之后，你该如何自处呢？"

武媚娘是冰雪聪明之人，哪还听不出自己身临绝境的危险！怎么办？她心里清楚，只要现在能保住性命，就不怕将来没有出头之日。

于是她赶紧跪下说："妾蒙圣上隆恩，本该以一死来报答。但圣躬未必即此一病不愈，所以妾才迟迟不敢就死。妾只愿现在就削发出家，长斋拜佛，到尼姑庵去日日拜祝圣上长寿，来报效圣上的恩宠。"

唐太宗一听，连声说"好"，并命她即日出宫，"省得朕为你劳心了"。唐太宗本来是要处死武媚娘，但毕竟自己很喜欢她，心里多少有些不忍。现在武媚娘既然敢于抛却一切，脱离红尘，去当尼姑，那么对于子孙皇位而言，不可能有什么危害了。

武媚娘拜谢而去。

李治也借机溜了出来，对武媚娘呜咽道："卿竟甘心撇下我吗？"媚娘满脸无奈的忧伤，她回身仰望太子，叹了口气说."主命难违，只好走了。"一语未毕，泪雨已下，泣不成声了。太子道："你何必自己说愿意去当尼姑呢？"武媚娘镇定了一下情绪，把自己的担心告诉了李治："我要不主动说出去当尼姑，只有死路一条，留得青山在，不怕没柴烧。只要殿下登基之后，不忘旧情，那么我总会有出头之日……"

太子李治佩服武媚娘才智，当即解下一个九龙玉佩，送给媚

娘作为信物。太子登基不久，武则天很快又被召入宫中。

武则天的聪明之处在于能识别"风紧"还是"风松"，在危难面前能迅速分清主次，并能果断地"退"，从而保全自己的性命。"风松"了，又再回来，后来时机一旦成熟，武则天果断地由退转进，成为中国历史上声名赫赫的一代女皇。

在我们做某件事时，如果情况对自己不利，再要继续下去很可能惨遭挫败，甚至丢了性命。那就必须考虑如何灵活地全身而退。

首先，要仔细分清形势是否不利，慎之又慎地做出是否撤离的决定。因为，撤离毕竟是一种退而求其次的手段，是为保存实力，不得已而为之的消极行动。假如形势并非很危险，再坚持一下就会成功，就绝不要轻言撤退。

其次，情况不妙时，必须当机立断，主动撤退，否则，肯定是血本无归。

直路不通绕道行

人们都愿意走直路，沐浴着和煦的微风，踏着轻快的步伐，踩着平坦的路面，这无疑是一种享受，没有人乐意去走弯路，在一般人眼里弯路曲折艰险而又浪费时间。然而，人生的旅程中弯路居多，山路弯弯，水路弯弯，所以喜欢走直路的人也要学会绕道而行。

绕道而行，并不意味着你面对人生的红灯而退却，也并不意味着放弃，而是在审时度势，是一种变通。避敌锋芒，克己之短，借人之势，以期达到最终的目标。

英国军事家利德尔·哈特在他的书中这样写道："在战略上，最漫长的迂回道路，常常是达到目的的最短途径。"

在残酷的市场竞争中，企业经营者难免受到各种因素的制约，那些胸怀大略的企业经营者，为了实现某个目的，达到某种目标，他们不但懂得变通，而且更善于变通，先予后取，都是他们在竞争过程中所表现出来的变通策略，以小鱼钓大鱼，最后，他们总能夺回主动权，占据竞争中的制高点。

20 世纪 80 年代初，当各国汽车厂商大举进攻美国市场时，都面临过来自美国本土汽车界同行的打压，可谓是步履维艰。实力最为雄厚的日本"丰田"汽车公司却没有像各国汽车厂商那样长驱直入，而是采取了先与美国合资再独资办厂的迂回战术，获得了美国人的信赖。之后"丰田"公司独资建立了汽车制造厂，并以此为大本营，步步拓展在美国的势力，打开了美国的大门。"丰田"公司采用这种绕道而行的变通方式，麻痹了美国人，淡化了竞争气氛，缓解了美国汽车同行奋力抵制的灾难性影响，从而为自己顺利走进美国汽车市场打下了良好的基础，实现占有美国汽车市场份额的目标。

绕道而行，并不意味着你面对人生的红灯而退却，也并不意味着放弃，而是在审时度势。在激烈的商业竞争中，经营者们限于自身的实力，在特殊时期、特殊条件下，很少有投资者能直线发展，因而采用绕道而行的变通方法：避敌锋芒，克己之短，借人之势，以期达到最终的目标。

无独有偶。类似这种在竞争中绕道而行，麻痹竞争对手的例子在我国古代也屡见不鲜。

　　秦朝末年，政治腐败，群雄并起，纷纷反秦，刘邦的部队首先进入关中，攻进咸阳。势力强大的项羽进入关中后，逼迫刘邦退出关中，鸿门宴上，项庄舞剑，意在斩除刘邦，刘邦佯装上厕所，才得以侥幸逃脱。

　　此次脱险后，刘邦迫于项羽的势力，只好率领人马暂退汉中。为了麻痹项羽，刘邦退走时，将汉中通往关中的栈道全部烧毁，造成不再返回关中的假象，其实刘邦意图消灭项羽，夺取天下的雄心一天都没有动摇过。只是他限于自身的实力薄弱，只好退却，以便为他日东山再起积蓄力量。

　　几年中，刘邦经过休养生息，力量逐渐强大起来，军事上有了可以倚重的韩信；安国安邦，安抚百姓，供应军需，保证粮草等后勤工作有可以依靠的萧何；运筹帷幄，决胜千里之外有张良，有了这三个贤能之士的帮助，刘邦自知已经胜券在握。公元前206年，他任命韩信为统帅，出兵东征。

　　出征前，韩信命令士兵去修复已被烧毁的栈道，摆出要从原路杀回的架势。关中守军闻讯，密切注视修复栈道的进展情况，并派主力部队在这条路线各个关口要塞加紧防范，阻拦汉军进攻。韩信"明修栈道"的行动，果然奏效，由于吸引了敌军注意力，把敌军的主力引诱到了栈道一线，韩信立即派大军绕道到陈仓发动突然袭击，一举打败章邯，平定三秦，为刘邦统一中原迈出了决定性的一步。

　　一般来说，人们的常规思维方式是讲求"抢人之先"、"先发制人"、"争夺制高点"。但是，在特殊情况下，遇事就需要换个角度，换种思维方式去考虑问题。在与敌的争战中，采用绕道而行的变通方法，往往我们要学会一分为二的看问题。有时候，最短的路线未必是最省时的路线，在直路不通的情况下，绕道而行可以让我们更快到达目的地。

当我们在生活中遇到走到路的尽头，发现无路可走的情况下。我们千万别沮丧，不妨回过头来，绕道而行也许便可以找到一条新的路，所以世上只有死路，没有绝路，而我们之所以会感到面对"绝路"，那是因为我们自己把路给走绝了，或者说我们的思路狭隘，缺乏了"绕道而行"的意识。

学会察言观色

人心叵测，人际复杂。因此，我们做人不能墨守陈规，应该把眼睛放亮变得灵活、机敏一些，在不同的环境见到不同的人就应该用不同的语气讲不同的话。不过要以平常心对待，否则会得不偿失。"见什么样的人上什么样的菜"，就是要求我们做人会"方"，也要会"圆"，要有心眼，要学会变通。

老实本身没有错，但过于死板就不好了，同样过度地坚持，也会自己把自己逼上绝路。

有这么一则故事：

许允担任吏部侍郎时，大多任用他的同乡，魏明帝曹睿听说后，就派虎贲武士去拘捕他。他妻子跟随出来告诫他说："明主可以理夺，难以情求。"让他向皇帝申明道理，而不要寄希望于哀情求饶。带到后，明帝核查审问他，许允回答说："孔子说'举尔所知'，我的同乡，就是我所了解的人。陛下可以考察他们是称

职还是不称职，如果不称职，我愿意接受应有的罪名。"考察以后，结果各个职位都安排了当用的人，于是才释放了他。许允身上衣服破烂了，明帝下令赏赐新衣服。

许允提拔同乡，是根据魏国的荐举制度。不管此举妥不妥当，它都合乎皇帝认可的"理"。许允的妻子深知跟皇帝打交道，难于求情，却可以理争，于是叮嘱许允以"举尔所知"和用人称职之"理"，来抵消提拔同乡、结党营私之嫌。这不能不说许允是一个善于根据对象的身份来选择说话的有"心眼"之人呀！

南齐的徐文远也是这样一个有"心眼"的灵活之人。

徐文远是名门之后，他幼年跟随父亲被抓到了长安，那时候生活十分困难，难以自给。他勤奋好学，通读经书，后来官居隋朝的国子博士，越王杨侗还请他担任祭酒一职。隋朝末年，洛阳一带发生了饥荒，徐文远只好外出打柴维持生计，凑巧碰上李密，于是被李密请进了自己的军队。李密曾是徐文远的学生，他请徐文远坐在朝南的上座，自己则率领手下兵士向他参拜行礼，请求他为自己效力。徐文远对李密说："如果将军你决心效仿伊尹、霍光，在危险之际辅佐皇室，那我虽然年迈，仍然希望能为你尽心尽力。但如果你要学王莽、董卓，在皇室遭遇危难的时刻，趁机篡位夺权，那我这个年迈体衰之人就不能帮你什么了。"李密答谢说："我敬听您的教诲。"

后来李密战败，徐文远归属了王世充。王世充也曾是徐文远的学生，他见到徐文远十分高兴，赐给他锦衣玉食。徐文远每次见到王世充，总要十分谦恭地对他行礼。有人问他："听说您对李密十分倨傲，但却对王世充恭敬万分，这是为什么呢？"徐文远回答说："李密是个谦谦君子，所以像郦生对待刘邦那样用狂傲的方式对待他，他也能够接受；王世充却是个阴险小人，即使是老朋友也可能会被他杀死，所以我必须小心谨慎地与他相处。我

查看时机而采取相应的对策，难道不应该如此吗?"等到王世充也归顺唐朝后，徐文远又被任命为国子博士，很受唐太宗李世民的重用。

徐文远之所以能在五代隋唐之际的乱世保全自己，屡被重用，就是因为他针对不同的人有不同的应对之法，懂得灵活处世。

孔子门下弟子众多，他教育这些弟子从来不用一刀切的办法。有一次，子路问孔子："做事要三思而后行，对吗?"孔子说："对。"过了两天，冉有又问孔子："做事要三思而后行，对吗?"孔子说："考虑两遍就行了，不用三思。"别人听了孔子对弟子的两种解释，就问："您怎么对弟子的教育不一样呢?"孔子说："子路为人鲁莽，所以我让他做事三思;冉有平时做事本来就优柔寡断，所以我鼓励他果断一点。"

道理不是绝对的，针对不同的情况可以灵活一点。做人做事也一样，无不如此。

换个角度，问题就能迎刃而解

在现实生活中，当人们遇到瓶颈问题而一筹莫展时，如果能换个角度考虑问题，情况就会有所改观，问题也就会迎刃而解。

有些经历失败的人，每遇挫折时总是武断地认为自己的能力有限，而不去积极开启就在眼前的另一扇窗子，看不到可能的机

会其实就在眼前，结果错失良机。因而，走向失败的人，其实是因为丧失了一个又一个的机会，所以才让人生道路艰难而凄苦。倘若能够换个立场考虑问题，情况就会改观。记住，只要能转换视角，就会有创意产生。因此，当我们遇到一个问题无法解决时，就要换一个角度看问题，转入另外一条发展道路上，这样成功的可能性就会更大。

一个年轻的妈妈想改造一下刚买的婴儿床，使它能和自己的大床并在一起，这样就可以省去夜里的担心和麻烦。结果，她在拆除小床的护栏时遇到了麻烦。她原本想保留一个可以上下伸缩的护栏，而拆除那个固定的护栏，可是那个固定的护栏还起着对床的支撑作用，一拆掉，整个床就散了，这件事只好不了了之。直到有一天，站到床的另一面，这位妈妈才突然发现，由于小床和大床并在了一起，有没有那个能伸缩的护栏都是无所谓的，而这个护栏因为在设计时并不起支撑作用，拆了以后，小床依然牢固。这个问题就这样解决了。如果她不换个角度看问题，恐怕只能使自己陷入烦恼了。

换一个角度看问题，往往能够带来新鲜的感觉，带来另一种分析结果，甚至改变自己的思维和判断，让自己的工作、生活充满活力。有些复杂的事物，你换一个角度去观察，它就会变得简单明了。所以，换一个角度看问题，往往能够带来思维和分析方式的"升华"。

王凯因病住院做手术，结果第一次手术失败，原因是主刀大夫居然是个实习生，第一次握刀，可能由于紧张或者技术不精而导致这个结果。大家都到医院看望，对医院的行径感到愤愤不平，有出主意状告医院的，有建议转院的，也有建议索要赔偿的。王凯心情沉重，躺在病床上一言不发，眉头紧皱。他的一个朋友对他说："没关系，就在这里做第二次手术。第一次手术失败了，

医院肯定要高度重视，派一名业务骨干给你主刀，而且对你肯定会特别精心护理，手术肯定能成功。"王凯听了，眼睛一亮，微微点头，同意了朋友的建议。果然，医院在第二次手术时请来了省里著名的专家亲自主刀，结果非常成功。

我们看问题的时候往往只善于从习惯的角度出发，而不善于转换位置，因为我们脑子里充满了定向思维。就像在脑筋急转弯里问"1+1 在什么情况下不等于 2"，很多人都会说"1+1 在什么情况下都得等于 2"。正确答案是"在算错的情况下 1+1 不等于 2"。这个简单的急转弯问题，揭示了非常深刻的道理。如果按照一般的角度看问题，1+1 铁定等于 2；但如果跳出了这个思维定式，答案就会出现另一种情形。

当一个人的思想受到束缚时，往往不能十分清楚地找寻到一切问题的根源——逻辑。要想找到逻辑，就要跳出习惯上的桎梏，避开思路上的习惯，换一个角度来思考问题。当你思考问题时，不妨也可以"避开大路，潜入小径"。也就是说，躲开那些热门的问题，而把眼光转向那些不被人们重视的角落。一条发展道路被封死了，不必绝望。如果能够在新的发展道路上全力以赴，那么，取得巨大的成功，也并非异想天开。

无论在什么时候，一定不要绝望。挫折和困难正孕育着将来取得成功的种子。有一位老师曾经做过这样一个试验。他在白板上点了一个黑点，然后，他问班上的学生说："这是什么?"大家都异口同声说："一个黑点。"老师故作惊讶地说："只有一个黑点吗? 这么大的白板大家都没有看见吗?"这个试验说明，每个人身上都有优点和缺点。但是你看到的是哪些呢? 是否只看到别人身上的"黑点"，却忽略了他拥有的一大片"白板" (优点)? 这就像人们在寻求幸福的同时，常常以远离幸福的"消极"式思维处理问题；把事情往坏的发展方向想象，往"消极"方向考虑，

结果必然是不断地感到不平、不满、担心、恐惧，最后因积郁成疾而将身体搞垮，还哀叹什么"为什么只有我一个人如此之不幸，如此之困苦呢"？

一个人在漫长的一生中，会遭遇各种各样的危机，这时，如果对未来感到绝望以致灰心丧气、一蹶不振的话，那么你再也无法爬起来。但如果换一个角度去看问题，你就会发现每个人必定有很多的优点，你会有更多新的发现。

改变心态，人生就会豁然开朗

威廉·詹姆斯是美国本土第一位哲学家和教育学家，也是美国最早的实验心理学家之一。他曾说过："我们这一代最伟大的发现是，人类可以经由改变心态而改变自己的命运。"

所谓"改变心态"很抽象，实行起来有一定的难度。但是我们可以从改变某一个具体的想法开始，用一种新的眼光来看待自己目前的处境，然后你的心态就会随之发生一些意想不到的变化。

在一次关于心态的培训课上，一位学员因为刚刚丢了手机，情绪非常低落。于是，老师就用一些心理学原理，来帮助她克服心理低潮。老师启发她说："应该怎样解决这件事？"她说："很简单，努力学习增加业绩的方法，回去之后，一个月之内，业绩发展到10万，赚到钱之后买一部更好的！"当她讲完这句话之后，

所有的人都给予热烈掌声。同时，她也非常兴奋地开始在众人面前跳舞。她高兴得不得了，还一边笑一边告诉自己，手机丢了很快乐，因为可以买更好的手机了。

当我们在生活中遇到某个问题时，千万不要只纠缠于问题的本身，不然，这不仅会让你情绪低落，而且你一定想不出个所以然的。手机丢失了，只是一种偶然，并不等于你就是一个天生的倒霉蛋，更不等于你就是一个"丢三落四、一事无成"的人。换一种思路想问题，前面的路就会开阔得多。

有很多事情都是这样，并不在于你目前处于一种怎样的境地，而在于你是怎么认识自己的。

在美国作家哈罗德·阿尔吉的小说《流浪儿迪克》里，迪克是一个从小失去父母、一无所有的流浪儿。迪克成天穿着"华盛顿将军的上衣和拿破仑元帅的裤子"，破破烂烂、脏兮兮地游荡在街头，靠替人擦皮鞋挣钱填饱肚子。直到有一天，一次偶然的机会，他结识了有钱的男孩弗兰克，体验了一天的绅士生活，这才第一次为自己的无知和邋遢感到羞愧。弗兰克送给他一套绅士衣服，虽然是旧的，可却彻底改变了迪克的形象。当人们不再用鄙视的眼光看他，对他彬彬有礼时，迪克第一次感受到了一种尊敬。于是，他心中有了新的目标——"将来我要成为一个受人尊敬的人"，过一种"真正受人尊敬的生活"。

从此，迪克不再撒谎骗人，也不偷东西，还很乐于热心帮助别人。这些优秀的品质，让他拥有了真正的朋友。在新的环境新的朋友的影响下，迪克改变了自己的生活态度，他开始去银行存钱，花钱租房子住，不再露宿街头；他还学会了自我约束和节俭，让每一分钱都用得有价值。

在过"真正受人尊敬的生活"的愿望的激励下，迪克心中第一次有了学习知识、开发自己的强烈愿望。于是，他以免费住宿

为报酬，请有文化的小擦鞋匠弗斯蒂克做了自己的"家庭教师"。从此，他白天去街头擦皮鞋，晚上就在油灯下学文化，再也不去剧场和百老汇鬼混了。经过刻苦的学习和不懈的努力，小迪克最后终于成了一个"有教养的年轻绅士"，他获得了一间大公司会计室的工作，开始了他梦寐以求的新生活。

过去不等于未来。过去你曾怎么想、怎么做、经历了怎样的遭遇都不重要，重要的是今后你怎么想、怎么做。换了一种心态，就等于换了一种活法。你对自己的看法，才是决定你将来幸运与不幸的关键。"换角度"就是清除我们头脑里旧的思维，另造一个新我。

动画片《花木兰》中，木兰的父亲对木兰说："树上开的花，每一朵都是独特的。你可能是最晚开的一朵，可是一定是最漂亮的。"这句话的现实意义在于，生活中我们需要有一个良好的心态，在面对不利于自己的环境时，依然坚信自己的力量，不随波逐流、得过且过，那么，总有一天你会到达自己心中理想的境地。

成功的道路不止一条，有人走的是直线，有人却不可避免地要走一些弯路，这都不要紧，只要你对自我价值还保持信心，一切都来得及。

一个人要想获得成功，出人头地，成为生活和工作中的优胜者，就应该首先在心目中确立自己是个优胜者的意识。然后，不管你遇到什么样的挫折或不利环境，这种信念都不能动摇。只以某一阶段成就的高低就来肯定或否定自己，其实为时过早。

你怎样认识自己过去的人生，就会导致你怎样认识现在的你自己，最终决定你有什么样的自我确认。

请认真想一下，过去、现在和未来，你是什么样子，你评价自己的标准又是什么呢？你以什么样的标准来看不同时期的自我，决定着你未来的发展方向。

第八章

花看半开，酒饮微醉
——韬光养晦方能助你出奇制胜

锋芒太露遭人妒。生活中，如果太显摆自己，趾高气扬，与人对着干，大多会遭受失败。因此，现实生活中我们要"行如病虎，立如眠鹰"，要勇于把聚光灯照在他人的身上，我们要学会藏巧于拙、用晦而明、聪明不露，才华不逞等韬略，来隐蔽自己的行动，这样才可以更好地保全自己，并达到出奇制胜的目的。

藏头掖尾收起锋芒

　　无论是听来的，还是书上看来的，古时越是身怀绝技之人，晚年越是崇尚隐岩谷、乐林泉，这是一种境界。君子藏器于身，待时而动。得意勿恣意奢侈，失意勿抑郁失措。

　　我们看武林小说，从未有什么破不了的绝招，其结局往往弄刀的刀下死，弄枪的枪下亡，溺死的多是会水的。古来大凡隐士高手，之所以蛰伏龟居、深藏不露，无不饱经风霜、深谙树大招风带来的祸患。所谓"水浅多小虾，潭深藏蛟龙。"名人并非都是高人，高人往往不名。因为他们深谙"木秀于林，风必摧之"的道理。

　　吴王乘船在长江中游玩，登上猕猴山。原来聚在一起戏耍的猕猴，看到吴王前呼后拥地来了，立即一哄而散，躲到深林与荆棘丛中去了。

　　但有一只猕猴，想在吴王面前卖弄灵巧，它在地上得意地旋转，旋转够了，又纵身到树上，攀援腾荡。吴王看这猕猴如此逞能，很是不舒服，就弯弓搭箭射它，那猕猴从容地拨开射来的利箭，又敏捷地把箭接住。吴王脸都气红了，命令左右一齐动手，箭如风卷，猕猴无法脱逃，立即被射死了。

　　吴王回头对他身边的人说："这灵猴夸耀自己的聪明，倚仗

自己的敏捷傲视本王,以至丢了性命。要以此为戒呀! 可不要用你们的姿态声色骄人傲世啊!"

其实,无论官大小、钱多少、水平高低,只要踏踏实实做人,规规矩矩处事,路再窄也会任君通行。反之,世界虽大,却难免处处碰壁,轻则栽跟头丢人现眼,重则毁了一生。

人在社会中,无时无刻不与社会发生着各种联系,其中最重要的便是顺应社会。所谓顺应社会,实际上就是如何调整自身在社会环境中的关系,再进一层讲,本质上还是指调节与周围人群间的关系。顺应社会便是要把握尺度,在周围的人群中为自己争得更高的地位和更多的利益而又不至于使别人对自己产生坏的印象。周围人群的关系处理不好难免会成为众矢之的,终会惨遭淘汰。

处理与周围人群的关系,说来容易,真正做起来,却是极难的。这不像做一道练习题,也不像去市场买菜。所谓百人百性,与不同的人交往须得用不同的方法来应对。这就自然给人际关系的处理带来许多想不到的意外之事。尤其是当代社会,商品经济大潮汹涌澎湃,虽然卷起洁白的浪花,却也带起了浑浊的泥沙。很难说,别人的想法是怎样的,现代人想法则更加封闭与隐秘。稍有不慎便很有可能陷入泥沼,失足难拔。特别是现在的年轻人,总是希望领导或周围的同事能在最短的时间内就知道自己是个不平凡的、很有才能的人,因而锋芒太露,其结果往往会适得其反。

有这样一个人,应聘到某公司任职不久,部门经理就对他说:"老弟,我随时准备交班。"说心里话,当时他也是这么想的,因为经理是自学成才的,知识和修养存在先天不足,而他则是大学毕业,并在外资企业已有五年的工作经验,独立有主见,工作能力强。由于个性率直,在讨论一些工作问题时,他向来直来直去,为此他常与上司发生争执。虽然经理有时对他也有一定的暗示,但他却不以为然。久而久之,经理便渐渐疏远了他,让他渐渐失

去了施展才能的舞台。

这个人犯了一个不小的错误，那就是锋芒太露，虽然他的能力确实超过他的上司，但他不知道领导毕竟是领导。在领导眼里，下属永远比他差一截，他才会有成就感。你的能力比上司强，他本就坐立不安了，如果明目张胆地与他对着干，哪怕你是无心的，上司也忍不住会对你施加压力。

其实，如果仔细看看周围那些有人缘的人你就会发现，他们毫无棱角，言语如此，行动也一样。他们各自深藏不露，表面上看好像他们都是一些碌碌无为的庸才，其实他们的才能，往往不在你之下；他们好像个个都很讷言，其实是其中颇有善辩者；他们好像个个都胸无大志，其实是颇有雄才大略而不愿久居人下者。但是他们却不肯在言谈举止上露锋芒，不肯做出众人物，其道理何在呢？

年轻气盛之人往往在语言表达上、行为举止上锋芒太露，树敌太多，与朋友之间不能水乳交融地相处，究其原因就是因为狂妄自大，不知天高地厚。

有一个人在年轻时代以有"三头"自负，即笔头写得过人，舌头说得过人，拳头打得过人。在学校读书时，他是一员猛将，他不怕同学，不怕师长，以为他们都不及他。初入社会还和在校时一样的锋芒毕露，结果得罪了许多人。但是还好总算觉悟得快，一经好友提醒便连忙"负荆请罪"，倒也消除了不少的嫌怨，但是无心之过仍然难免，结果终究还是遭受了不少挫折。俗话说，久病成医，他在尝够了痛苦的教训后，才知道自己锋芒太盛就是自己为自己前途设下的荆棘，有时为了避免再犯无心之过，就效法古人之三缄其口，即使不得不开口，也是多方审慎。

当然，你也许会说，采用这种方法不是永远没有人知道了吗？其实只要一有表现自己才能的机会，就将其把握住，并做出斐然

的成绩来，大家自然就会知道你，赞赏你。这种表现本领的机会不怕没有，只怕你把握不住，只怕你做出的成绩不能令人满意。如果你一旦有了真实的本领，就要留意表现的机会；如果你还没有真实的本领，就赶紧努力学习吧。

俗话说：枪打出头鸟。因为他们有所顾忌，锋芒太露，很容易得罪其他人，为自己前进的路上制造障碍物。锋芒太露，便要招惹旁人的妒忌，旁人妒忌也将成为你的阻力，成为你前进路上的破坏者。

花看半开，酒饮微醉

儒家基本思想是中庸之道。这种思想乃成为中国几千年来的处世哲学，所以才产生"适可而止"的名谚。天道忌盈，人事惧满，月盈则亏，花开则谢这些虽然是出于天理循环，实际上也是处事的盈亏之道。正所谓"花看半开，酒饮微醉，此中大有佳趣。若至烂漫酕醄，便成恶境矣。"

事业达于半时，一切皆是生机向上的状态，那时足以品味成功的喜悦；事业达于顶峰时，就要以"如临深渊，如履薄冰"的态度来待人接物。有福气享受荣华富贵的人，应当深思这道理，抱着诚恳心情去待人处世。只有如此才能持盈保泰，永享幸福。

《易经》中有"否极泰来，物极必反"，凡事做到七八分处才

有佳趣。太过则易衰，不及则易馁，正如酒止微醉，花在半开，那么瞻前大有希望，顾后也未绝生机。

我们如果能够这样常常善自保持下去，自然能够悠久地存在于天地之中。如果喝酒喝到烂醉如泥，就会使畅饮变成受罪。往往事业初创时大家小心谨慎。而到成功之时，不仅骄奢之心来了，夺权争利之事也多了。

郑庄公准备伐许。战前，他先在国都组织比赛，挑选先行官。众将一听露脸立功的机会来了，都跃跃欲试，准备大显身手。

第一个比赛项目是击剑格斗。众将都使出浑身解数，只见短剑飞舞，盾牌晃动，斗来冲去。经过轮番比试，选出来了6个人，为下一轮比赛做准备。

第二个比赛项目是比射箭，取胜的6名将领各射3箭，以射中靶心者为胜。有的射中靶边，有的射中靶心。第5位上来射箭的是公孙子都。他武艺高强，年轻气盛，向来不把别人放在眼里。只见他搭弓上箭。3箭都连中靶心。他昂着头，最后瞟了剩下的那位射手一眼，就走了下去。

最后一位参赛的射手是个老人，胡子花白，他叫颍考叔，曾劝庄公与母亲和解，庄公很看重他。颍考叔上前，不慌不忙，三箭射击，也连中靶心，竟与公孙子都射了个平手。

现在，就只剩下两个人了，庄公派人拉出一辆战车来，说："你们二人站在百步开外，同时来抢这部战车。谁抢到手，谁就是先行官。"公孙子都轻蔑地看了一眼他的对手，哪知跑了一半时，公孙子都脚下一滑，跌了个跟头。等他站起来的时候，颍考叔已抢车在手。公孙子都哪里服气，于是就来夺车。颍考叔一看，拉起车来飞步跑去，庄公忙派人阻止，宣布颍考叔为先行官。为此，公孙子都就开始怀恨在心了。

当然，颍考叔果然没有辜负大家的期望，在进攻许国都城时，

手举大旗率先从云梯上冲下城头。眼见颖考叔大功告成，公孙子都嫉妒得心里发疼，竟抽出箭来搭弓瞄准，向城头上的颖考叔射去，一下子把颖考叔射了个"透心凉"，从城头栽下来。另一位大将假叔盈以为颖考叔是被许兵射中阵亡了，忙拿起战旗，又指挥士卒冲城，终于把许都给拿下了。

这样锋芒太露的人惹祸上身是必然的，典型的是在旧时为人臣者功高震主。打江山时，各路英雄汇聚一个麾下，锋芒毕露，一个比一个有能耐。主子自然需要借这些人的才能，实现自己图霸天下的野心。但天下已定，这些虎将功臣的才华还是存在的，他们的才华不会因此消失，这时他们的才华成了皇帝的心病，让他有威胁感，所以屡屡有开国初期斩杀功臣之事，正所谓"卸磨杀驴"。韩信被杀、明太祖火烧庆功楼，都是因为这种原因。大家读过《三国演义》后可能注意到，刘备死后，诸葛亮好像没有大的作为了，不像刘备在世时那样运筹帷幄，满腹经纶，锋芒毕露了。因为这是只有在刘备这样的明君手下，诸葛亮才不用担心受猜忌的，并且刘备也离不开他，因此他可以尽力发挥自己的才华，辅助刘备，打下一份江山，三分天下而有其一。刘备死后，阿斗继位。刘备在世时曾当着群臣的面对诸葛亮说："如果这小子可以辅助，就好好扶助他；如果他不是当君主的材料，你就自立为君算了。"诸葛亮顿时冒了虚汗，手足无措，哭着跪拜于地说："臣怎么能不竭尽全力，尽忠贞之节，一直到死而不松懈呢？"说完，叩头流血。刘备再仁义，也不至于把国家让给诸葛亮，他说让诸葛亮为君，怎么知道没有杀他的心呢？因此，诸葛亮一方面行事谨慎，鞠躬尽瘁，一方面则常年征战在外，以防授人"挟天子的把柄"。而且他锋芒大有收敛，故意显示自己老而无用，以免祸及自身。这是韬晦之计，诸葛亮的聪明之处也就在于收敛锋芒。

一个有才华、有能力的人，要懂得不露锋芒的道理，这种方

法既有效地保护了自己，又能把自己的才华充分地发挥出来，要战胜盲目骄傲自大的病态心理，做任何事情都不能太咄咄逼人、太张狂，要养成谦虚让人的美德。所谓"花要半开，酒要半醉"，凡是鲜花盛开娇艳的时候，不是立即被人采摘而去，就是衰败的开始。人生也是一样。当你志得意满时，切不可趾高气扬，目空一切，不可一世，这样你不被别人当靶子打才怪呢！所以，无论你的才智是怎样的出众，一定要谨记：不要把自己看得太重要，不要把自己看得太了不起，不要以为自己是救国济民的圣人君子，最好还是把你的锋芒收敛起来，夹起尾巴做人，适当地对你的才华进行掩饰。

能屈能伸，强弱得当

守弱是做人的一条重要原则，弱可以转化为强，强又可以转化为弱，所以，与其守强不如守弱。

秦二世元年秋天，陈胜、吴广等起兵于蕲，成为正式以武装力量反秦的第一支军队。在陈胜全力造势下，天下大乱，各地地方官员大为紧张，沛县自然也不例外，刘邦乘机在沛县起兵，夺取了沛县的控制权，成为了秦末起义群雄中一支农民军的领袖。

经过数年的经营，刘邦的军队已成为秦末起义军中的一支重要力量。

在推翻秦朝的斗争中，刘邦领兵率先进入关中后，便不想离开关中。有个儒生，看出了刘邦的心思，悄悄对刘邦说："关中土地肥沃，地势险峻，位置适中，是成就帝王之业的风水宝地。听说秦朝将军章邯投降了项羽，被项羽封为雍王，派他治理关中。要是章邯一来，沛公您的位子可往哪里摆？"

刘邦一听，赶忙要这个儒生出主意。这个儒生说："您只要派兵堵住函谷关，不让诸侯军队进来，自然就能在关中稳稳当当地称王。"刘邦听他说得有理，立即调派军队，严守函谷关。

刘邦刚刚调兵遣将完毕，项羽统率的诸侯联军，就开到了关下。

项羽来到函谷关后，见关门紧闭，关上重兵把守，谁也不许进入。项羽一打听，原来是刘邦早已入关，在这里设下障碍。他不禁大怒，下令强攻。守关的部队哪是项羽的对手。不大一会儿，函谷关就被攻破。项羽怒气冲冲地来到了戏水。这里离刘邦屯军的灞上已经不远了。项羽命令部队先驻扎下来，他要考虑考虑，如何收拾胆敢拦他入关的刘邦。

这时，项羽的谋士范增又火上浇油，说："刘邦在山东时，贪财好色，如今进了关中，却变成了另一个人，既不收取财物，又不亲近妇女，由此可见，他的野心不小啊！"

因为刘邦经常自诩头上有天子气，范增又搬出他的"云气"说来挑起项羽的怒火："我仔细观望了云气，只见刘邦头顶上五彩缤纷，显现出盘龙卧虎的形势，这可是天子的征兆。"

这一说，把项羽气得火冒三丈。他紧紧握着拳头，狠狠擂击桌面，斩钉截铁地说道："亚父（范增）尽管放心，我一定想办法除去这个祸根。"

那时，项羽的兵马40万，驻扎在鸿门；刘邦的兵马只有10万，驻扎在灞上。双方相隔只有四十里地，兵力悬殊。刘邦的处境十分危险。

过了几日，刘邦就收到了项羽的请柬，请他到鸿门赴宴，刘邦知道来者不善，急得跺脚，直喊："这可怎么办？"忙叫手下的谋士张良过来，商量对策。

张良对刘邦说："项羽是一个吃软不吃硬的人，你要向项羽道歉，并装作很服从他的样子，这样才能平息他的怒火，平息了他的怒火，他就不会杀你。"

刘邦想了一想，没有其他的办法，只有这样子了。

第二天清早，刘邦带着一百多个随从，到了鸿门拜见项羽。刘邦一见项羽，满脸堆着谄媚的笑，说："我跟将军同心协力攻打秦国，将军在河北，我在河南。我自己也没有想到能够先入了关。今天在这儿和将军相见，真是件令人高兴的事。哪儿知道有人在您面前挑拨，叫您生了气，这实在太不幸了。"

项羽见刘邦低声下气地说话，满肚子气也就消了一大半。刘邦见项羽心软了，才大松一口气。

公元前206年，推翻秦朝以后，项羽分封天下诸侯，自立为西楚霸王，封刘邦为汉王，属地为巴蜀。

刘邦听到自己被封在巴蜀，鼻子都气歪了。

巴蜀山高水险，道路艰险，与关中地区交通不便，当年秦朝政府是把那里作为放逐罪犯的地方。刘邦费了九牛二虎之力，率先进了咸阳，结果不但没有分到好一点的地方，还给贬谪到巴蜀去。他一肚子的怒气直往上涌，即刻调兵遣将要和项羽拼命。萧何赶忙劝道："人常说：'小不忍则乱大谋。'大丈夫做事要审时度势，能伸能屈。项羽眼下势大，我们只能暂时顺从他，先去汉中，以巴蜀为立足之地，安抚百姓，养精蓄锐，广招天下豪杰，以求东山再起。您可千万不能为了一时的得失荣辱而去白白地送命！"众将也出来相劝，刘邦这才忍了这口恶气，同意去汉中。

刘邦带着人马前往汉中,大军进入斜谷后,行走在峭岩陡壁的栈道上,栈道全长 250 公里,是古代由陕入川的重要通道。栈道是在险绝之处,傍山岩凿出洞孔,插入横木,铺上木板,以通行人马,栈道下面则是万丈深渊。

进入栈道的时候,刘邦痴呆呆地望着这道天险,感慨良久,这时,张良从后边过来,说:"大王应当赶快烧掉沿途的栈道!"

刘邦说:"烧掉了栈道,我们以后如何出来?"

张良附刘邦耳边,悄悄告诉他:"大王虽然离开关中,可项羽对你不放心。烧掉了栈道,既能截断诸侯军队来犯的道路,又能解除项羽的疑心,表示自己没有东归的意图。至于以后出来,可以修复另一条道路——陈仓古道。"

刘邦一听觉得有理,便立即命令士兵,将所有栈道烧毁。

听到刘邦"火烧栈道",项羽很高兴。然而,项羽不知道"火烧栈道"只不过是刘邦耍了一次手段而已,他这是向项羽示弱。刘邦进入汉中以后,励精图治,积蓄力量,等有了与项羽相抗衡的军事实力以后,突然杀出汉中,把项羽打得落花流水。

汉初,匈奴已发展成了强大的奴隶制王国。君主冒顿单于的疆域纵横数千里。

匈奴骑兵屡屡侵犯中原地区,践踏农田,掠夺人畜,而且千方百计引诱和招纳汉朝诸侯将领叛变,严重威胁着汉朝的安全。

由于汉朝初建,自己的势力在多年的征战中消失殆尽,没有足够的兵力与匈奴对抗,于是刘邦想用其他的方法对付匈奴。

为此,刘邦向熟悉边疆情况的刘敬问计,刘敬告诉他:"对付匈奴可以用和亲的办法,陛下把嫡长公主嫁给他,再送去丰厚的嫁妆,匈奴单于能和大汉皇帝结亲,又能得到丰厚的礼品,心里必定会十分欢喜,必然要把汉皇的公主立为阏氏。这样,公主生下儿子便是太子,以后就是单于。这样,冒顿活着,是汉家的女婿；冒顿死了，继承单于位子的人是陛下外孙。女婿不会打岳父，外孙也不会打外祖父的。"

刘邦听后，觉得这是一条好计，但一想到自己的爱女，又有点舍不得。

刘敬看出了刘邦的心思，为了坚定刘邦的决心，他特别强调说："陛下如果不让嫡长公主远嫁，而是另外找个人冒充，万一被冒顿单于知道了，就会对我们的计划不利。"

刘邦点点头，他要与皇后吕雉商量商量。让宝贝女儿去给异族首领当妻子，这可是剜了吕后的心头肉。她娥眉倒竖，断然回绝："我就这么一个女儿，哪能舍得把她嫁给胡人！"刘邦劝，她就哭，白天哭，夜里也哭。终于哭得刘邦改了主意，找了个宗室的女子代替。

为了讨好匈奴人，刘邦搞了一个隆重的送亲仪式，派刘敬作为特使，护送这个"嫡长公主"去漠北与冒顿单于完婚，同时带了许多金银、丝绸和珍奇宝物。冒顿单于见汉朝皇帝把这么漂亮的女儿嫁给他，又贡奉了那么多好东西，喜得眉开眼笑，也不辨真假，把汉公主立为阏氏，答应不再侵略中原。

刘邦的"和亲"政策持续了几年后，汉朝的实力得到了充实，当刘邦看到自己的实力可以与匈奴抗衡的时候，马上调动大军，远征匈奴。

由上可知，刘邦的手段十分高明，他遇强则避，看上去是一个软柿子，随你捏来捏去，一旦他具备了实力后，马上东山再起，杀对方一个措手不及，这样的谋略令人不得不叹服。

"卧薪尝胆"，方能发奋图强

如果非要把历史中能"低头"的人物排个座次的话，越王勾践理所当然的要排在第一的位置。身为败亡者，勾践屈身伺奉吴王夫差，为了低头，他做出许多非常理之事，但勾践心里明白，只要能让吴王放心，自己就有东山再起的时机。结果正好验证了那句话"把头抬得越高的人，不一定是最后的胜利者"。越王一低头，吴王就丧了性命。

在势力还不足以战胜对手的时候，千万要沉得住气，一旦时机成熟，来日你们的地位可能刚好掉过来了。

卧薪尝胆的故事，常被用来鼓励人们刻苦发奋，忍耻吞辱，战胜困难，争取胜利。在变幻莫测的斗争中，每个人的情形时刻都有改变的可能，或由辉煌转向暗淡，或由高山峰巅跌入万丈深渊，如何在这强烈的反差中控制好自己的情绪，积累力量，企图东山再起呢？

春秋时，越王勾践被吴王夫差打败，退守在会稽山上，越王要求跟吴国讲和，吴国的条件是要勾践夫妇到吴国给夫差当仆役，勾践万般无奈也只好答应了。

勾践将国事委托给大夫文仲，让大夫范蠡随他夫妇前往吴国。到了吴国，他们住在山洞石层中，牵马。有人指骂他，他也不在

乎的面孔，很讨夫差欢心。夫差每次外出，勾践就亲自为他低头顺眼，始终表现出一副驯服的样子。

一次，夫差病了，勾践在背地里让范蠡预测一下，知道此病不久就会好，他就亲自去见夫差，探问病情，并亲口尝了尝夫差的粪便，向夫差道贺，说他的病很快就会好的。夫差问他怎么知道，勾践就胡编说："我曾经跟名医学过医道，只要尝一尝病人的粪便，就能知道病的轻重。刚才我尝了大王的粪便，味酸而稍微有点苦，用医生的话说，是得了'时气症'，所以病很快会好，大王不必担心。"

果然没过几天，夫差的病就好了。夫差认为勾践比自己的儿子还孝顺，深受感动，就把勾践放回国去了。

勾践归国后，深为会稽之耻而痛苦，一心伺机报仇。他睡不好觉，吃不好饭，不近美色，不看歌舞，苦心劳力，唇干肺伤，对内爱抚群臣，对下教育百姓，经过三年，百姓都归顺了他。

为了更好地笼络群臣，每当有甘美的食物，如果不够分自己不敢独吃，有酒把它倒入江中，与人民共饮，勾践自己耕种吃饭，靠妻子亲手织布穿衣，吃喝不求山珍海味，衣服不穿绫罗绸缎。为了坚持锻炼斗志，不过舒服生活，连褥子都不用，床上铺着柴草，还备一个苦胆，随时尝一尝苦味，以不忘所受之苦。他还经常外出巡视，随从车辆装着食物去探望孤寡老弱病残，并送给他们食物吃。

然后，他召集诸大夫，向他们宣告说："我准备和吴国开战，拼以死活，希望士大夫踏肝践肺同日战死，我跟吴王颈臂相交肉搏而亡，这是我最大的愿望。如果这些办不到，从国内考虑，估计我们的国力不足以损伤吴国，从国外结盟的诸侯也不能毁灭它，那么，我将抛弃国家，离开群臣，自带佩剑，手举刺刀，改变容貌，更换姓名，去当仆役，拿着箕帚侍奉吴王，以便找机会跟吴王决战。我虽然知道这样做危险太大，要被天下人所羞辱，但我

的决心已定，一定要想法实现！"

后来越国终于与吴国在五湖决战，吴国军队大败，越军包围了吴王的王宫，攻下城门，活捉夫差，杀死吴国宰相。灭掉吴国两年后，越国称霸诸侯。

勾践卧薪尝胆的故事之所以千古流传，不但是因为勾践最后洗雪了耻辱以报国仇，更主要的是他那忍辱负重的精神成为我们克服暂时的困难，知耻后进的楷模。这就是做人要懂得"低头"，该"低头"时就"低头"。

由于勾践被夫差打得大败，他不得不屈服求和，向吴国低头称臣，如果此时勾践只凭意气与夫差拼个鱼死网破，恐怕越国将会在历史上消失。于是，他一方面在吴国君臣面前表现得忠心耿耿，卑躬屈膝，不管吴国的臣子如何羞辱他、考验他，也不管自己的亲人属下如何不理解他、耻笑他，他都一概忍受下来。但另一方面，勾践的复国之心未死，东山再起的志向未灭，他卧薪尝胆，发奋图强，任用范蠡、文仲等人，十年生聚，十年教训，终于转弱为强，灭掉了吴国。因此，勾践的忍可以是几年、十几年，但这完全是策略性的，是一种瞒天过海的韬晦之计，是一种以屈求伸的雄才大略，这种人的谋略一旦成功，将一反忍的常态，变本加厉地对他所忍的人进行清算。

此外，勾践卧薪尝胆，以屈求伸的故事还告诉我们要"知耻而后勇"。一般说来，一个人从知耻、忍耻到雪耻，这个过程必然有一段历史距离。大多数受辱者，皆因当时的力量或者环境处于劣势，在与人或者命运抗争的过程中，或由于力量悬殊，寡不敌众，或由于天时地利，不如对方，致使自己被对方打败而遭受屈辱，但又不能立即雪耻，只能将耻辱强忍吞下，铭刻心头，经过养精蓄锐，日渐强大，时机成熟，再雪旧耻，正所谓"君子报仇，十年不晚"便是这个道理。

虚怀若谷，厚积薄发

古语说："满招损，谦受益。"一个人即使不骄傲自满，而才华横溢，锋芒毕露，也容易遭人嫉妒或攻击而受到损害。因为你的流光溢彩使周围的人相形见绌，黯然失色，也许你完全没有意识到这一点，甚至百思不得其解，可事实就是如此。

我国历代有识之士都把虚怀若谷作为修身之道，也正是具有虚怀若谷的胸怀，李世民才虚心纳谏，刘备才能三顾茅庐。

曾国藩在年轻时期，也是一个锋芒毕露，遇事只讲直爽强硬、不讲忍耐退让的热血人物，因此在现实中碰壁、吃亏不少。然而，他在居家守制期间，认真研究了《道德经》、《南华经》，重温了老庄学说，发现了为人处世的秘诀——"大柔非柔，至刚无刚"、"柔弱胜刚强"的真理。深刻地反省了自己从前的言行和过失，以前片面地理解了祖父星岗公"懦弱无刚为大耻"的家训，办事刚强有余，忍让不足。咸丰八年（公元 1858 年）6 月再度出山时，他的为人处世便上了一个层次，遇事讲究变通灵活，忍让大度，为他以后的成功起到了至关重要的作用。

古往今来，锋芒毕露者，总是惨遭排挤与打击，藏愚守拙者总能得到重用与利益，锋芒毕露者往往处处表现自我价值，有强烈的个性，人际关系也就处理不当，丧失人缘，最终被弃用。

于是，便常感怀才不遇而郁郁寡欢。空有一腔抱负，徒有治国平天下之鸿才。藏愚守拙者往往在内敛中实现自我价值，人际关系处理得当，甚有人缘，带的团队，都是团结型的，领导也觉得没甚野心而放心大胆地使用、提拔。最终能大展鸿图，实现自己的抱负。

因此，当一个人意识到自己的锋芒毕露会对实现自己的抱负产生障碍时，就应该在失败的痛苦中学会藏愚守拙。

科学史上的巨人牛顿临终的时候，来探望他的亲朋好友在病榻边说："你是我们这个时代的伟人……"他听了"伟人"二字便摇摇头说："不要那么说，我不知道世人是怎样看我，我自己只觉得好像是一个在海滨玩耍的孩子，偶尔拾到了几只光亮的贝壳。但真理的汪洋大海在我眼前还未被认识，被发现哩。"停顿片刻，他又说："如果说我比笛卡儿看得远些，那是因为我站在巨人们的肩膀上的缘故。"

著名物理学家爱因斯坦发表相对论以后，成为本世纪最杰出的科学家，获得了很高的声誉和奖赏，但是他谦虚地说："用一个大圆圈代表我所学的知识，而圆圈外面是那么空白，对我来说意味着无知；而且圆圈越大，它的圆周就越长，它与外界空白的接触面积越大。由此可见，我不懂的东西还很多。"正因为爱因斯坦在荣誉面前不骄傲、不自满，在以后的几十年里谦虚谨慎，谦逊好学，不断探索，才为物理科学作出了伟大的贡献。

一个人真正能做到虚怀若谷，他的气度就是一种无比强大的感召力，它更是一种美，是一种最能反映人格魅力的美。所以，凡事当留有余地，不要锋芒毕露，咄咄逼人，使人家感到需要你，却不受到你的威慑，而要做到这一点就需要学会隐藏。

许多职场新人都急于显露自己的才能和实力，盼望能尽快得到上司和同事的认可，事事都要争个"先手"，有时甚至还要来个

"抢跑"。所以表现得锋芒毕露，这对于胸怀大志的职场新人来说，有百害而无一利。

在当今复杂的社会中，过早地"崭露头角"也是危险的，是会使其陷入被动的。首先，处处显露自己的才干和见识，上司和同事就会产生一种心理定势，总认为你比别人强。所以，如果一旦有所闪失，轻则说你还欠火候，重则落井下石。

锋芒毕露会过早地卷入升迁之争，升迁之争必然带来残酷的淘汰，由于职场新人在公司目前还无足轻重，所以，就有可能在不公平的暗箱操作和利益交换中，成为无辜的牺牲品。

根基不稳，虽长势很旺，但经不住风撼霜摧。你的根基还不稳固，经不住职场天长日久的风吹雨打。因此，如果你现在还不具备厚积薄发的实力，那你就不要亮出自己全部的十八般武艺，最后被人逐出场外。到头来心血白费，努力落空。

确实，在现代社会，好酒怕巷子深，但锋芒毕露，也不可能酿出好酒！因此，要谦虚，要有耐心，要学会等待，做一个虚怀若谷的人，使自己心胸不断地开阔，不管内心感到多么的充实，都要放开。觉的装得差不多时，再放开一点；觉得好像已经够满了，再放开一点；觉得已经非常充实了，所有理念都比别人正确时，仍要继续把心胸放开，放到像天那么大，像地那么大，像海那么大。不管听任何人说话、讲课，跟任何人研究事情，都要秉持着虚怀若谷的心境，敞开心胸。

谓学海无涯，学无止境。稍微虚心，必小有所得；非常虚心，必大有所得。虚心可容一切，是人生一种境界和技巧。当别人都束手无策时，你的平淡才体现出技高一筹。有时一个人的真正伟大之处就在于他能够认识到自己的渺小。

不要站在风口浪尖处

　　如果说，社会像一个大舞台，人生就像一出多姿多彩的戏剧，那么我们每一个人都要参与排演。其中最为吸引人的，当然就是那些站在前台的演员，他们的一颦一笑都能牵动众人的目光，几乎所有的人都渴望得到这种站在前台的光辉，认为这才是值得追求的，但是，却很少有人会认真思考一下，站在前台，在很多情况下会意味着什么。

　　孟贲是秦武王手下的一名勇士，此人原是齐国人，勇力过人。据说有一次他在野外看见两头牛正在相斗，他上前去用手把两头牛分开来。其中一头牛听劝，伏在地上不斗了，另外一头牛还要打。他大为恼火，左手按住牛头，右手把牛角活生生地拔了出来，这头牛当场毙命。

　　后来他听说秦武王正在招纳天下勇武之人，于是离开齐国去投奔秦国。这秦武王原也是个勇猛的人，重武好战，常以斗力为乐，凡是勇力过人者，他都提拔为将，置于身边。对孟贲自然另眼相看，很快就任命他为大将，与他手下的另外两名勇将乌获和任鄙享受一样的待遇。孟贲也非常以自己的勇力而自豪。

　　公元前306年，秦武王采纳了左丞相甘茂的计策，与魏国建立了秦魏共伐韩国的联盟，而后用计攻占了赵国的军事要地宜阳。

秦军占领宜阳后，周都洛阳门户洞开。秦武王大喜，亲自率领任鄙、孟贲等精兵强将要进入洛阳。周天子此时无力抵抗，只好打开城门迎接秦武王进城。

秦武王兵进洛阳后，直奔周室太庙，去观看九鼎，这九个鼎本是当年大禹收取天下九州的贡金 (铜) 铸成，每个鼎代表一州，共有荆、梁、雍、豫、徐、青、扬、兖、冀九州，上刻本州山川人物、土地贡赋之数，是周朝天命所在的象征。秦武王见了九鼎，大喜过望。当然，他不是喜欢这些铜块，而是垂涎那九鼎所象征的统御天下的权力，这也是秦国历代君主的梦想。秦武王绕着九鼎逐个观看，看到雍州 (代表秦国) 鼎时，对随行的群臣说："这鼎有人举起过吗？"

守鼎人赶忙回答："自从先圣大禹铸成此鼎以来，没有听说也没有见过有人能举起此鼎。这鼎少说也有千斤重，谁能举得起呀！"秦武王听了，撇了撇嘴，回头问任鄙和孟贲："你们两个，能举起来吗？"任鄙为人向来低调，他知道他的这位主子秦武王自恃勇力惊人，十分好胜，平时就经常和手下的大将斗力，如果此时自己出来举鼎，当着这么多人的面，抢了主子的风头，不会有好果子吃。再说，一旦秦武王真的去举鼎了，万一出了差错，自己就是长了九个脑袋也担不起这个责任，于是婉言道："臣不才，只能举起百斤重的东西。这鼎重千斤，臣不能胜任。"

任鄙这一低调，孟贲心中暗喜，认为表现的机会来了。于是伸出两臂走到鼎前，对秦武王说道："让臣举举看，若举不起来，大王不要怪罪。"说罢，紧束腰带，挽起双袖，手抓两个鼎耳，大喝一声："起！"只见那鼎离地面半尺高，就重重地落下，孟贲顿时感到一阵晕眩，站立不稳，差点一屁股坐在地上，还好被左右拉住。秦武王看了，禁不住发笑："卿能把鼎举高地面，寡人难道还不如你吗？"任鄙见秦武王要去举鼎，赶紧上前劝道："大王

乃万乘之躯，不要轻易试力。"

秦武王本来就好与人比力，此时哪里听得进去，卸下锦袍玉带，束紧腰带，大踏步上前。任鄙拉着秦武王苦苦相劝，秦武王生气地说："你不能举，还不愿意寡人举吗？"任鄙不敢再劝，只好退到一旁。秦武王伸手抓住鼎耳，深吸一口气，丹田用力，大喊一声："起！"鼎被举起半尺，周围一片叫好之声。秦武王得意洋洋，心想："孟贲只能举起地面，我举起后要移动几步，才能显出高下"。秦武王接着移动左脚，不料右脚独木难支，身子一歪，千斤重的大鼎落地，正好砸到右脚上，秦武王惨叫一声，倒在地上。众人慌忙上前，把鼎搬开，只见秦武王右脚已被压碎，鲜血流了一滩。等到太医赶来，秦武王已不省人事，晚上，秦武王气绝身亡了。

周天子闻报，心中又惊又喜，喜的是这个骄横跋扈的秦王自找死路，惊的是万一秦国以此为借口兴兵讨伐，自己就王位不保了，赶紧亲往哭吊，然后派人把秦武王的灵柩送回咸阳。之后，秦武王异母弟嬴稷登基，就是秦昭襄王。秦武王下葬后，老太后也就是秦武王的母亲令人追究责任，查到了孟贲的头上，虽然事情不能全怪孟贲，但为了出气，还是将孟贲五马分尸，诛灭其族。而低调的任鄙却因劝谏有功，升任为汉中太守。

出风头被大多数人看成是很风光的一件事，不过，从孟贲的教训中我们可以看出，出风头是要冒风险的。出多大的风头就要承担多大的风险。

在现代，虽然出风头掉脑袋的事情不会再发生了，但是，出风头后丢了工作，遭受打击的事情却屡见不鲜。像任鄙一样，虽然可能被秦武王看成是怯懦，但是一旦发生意外，却能稳稳的置身事外，保全自己，这种处世方式实在比孟贲一味的傻出风头高明了好多倍。

不要惹火上身

为人趾高气扬，飞扬跋扈，肯定会遭到他人的厌恶，没有人愿意和这样的交朋友。为官者趾高气扬还会影响仕途的升迁。做人高调，触犯了这条法则，无异于惹火上身，种下祸根。只有低调处世，才能在世间站稳脚跟，进而成就自己的一番大业。趾高气扬，与人对着干，必定会遭受失败，虽然别人可能一时不会对你如何，但是长此以往，就算不把你打入谷底，也会阻挠你的前进的步伐。

美国著名的杰出人物富兰克林的父亲对他从小就很溺爱，过于纵容他，对于他骄傲自大、自以为是的行为，父亲也从来不加以训斥，所以，他一直都是固执己见，从不听取别人的意见。

父亲的一位朋友看不过去，有一天，把他叫到面前，用很温和的言语规劝他说："富兰克林，你想想看，你那不肯尊重他人意见，事事都自以为是的行为，结果将使你怎样呢？别人受了你几次这种难堪后，谁也不愿意再听你那一味矜夸骄傲的言论了。你的朋友们都会远远地躲着你，免受一肚子冤枉气，这样你从此将不能再从别人那里获得半点学识。何况你现在所知道的事情，老实说，还只是有限得很，根本不管用。"

富兰克林听了这一番话，经过几番琢磨，终于大彻大悟，深

知自己过去的错误，决意从此痛改前非，遇人遇事，他的态度非常诚恳，言行也变得谦恭起来。不久，他便成为了一个到处受人欢迎爱戴的人了。

低调者做人的心态就是千万不要自以为是，要虚心请教，以低的姿态坦诚接受别人的批评与意见，然后加以冷静地分析，从而悟出为人处世的道理，借此修正自己思想上的偏差。

一只猫头鹰每到晚上才出来吃东西，白天就睡觉。

有一天，正当它睡得很香时，被一只蚱蜢的声音吵醒了。它没法入睡，便恳切地请求蚱蜢停止。蚱蜢却根本不理他，仍然叫个不停，声音越来越响。猫头鹰被弄得无可奈何，烦躁不安。

突然它想到一个好计策，便对蚱蜢说："听到你动听的歌声，我已睡不着了。你的歌声如同阿波罗神的七弦琴一样动听。我将把青春女神赫柏刚送给我的仙酒拿出来，痛痛快快地畅饮一场。你若不反对，就请上来一起喝吧。"

蚱蜢被这赞美之辞弄得忘乎所以，什么也没想就急忙地飞了上去。结果猫头鹰从洞中冲出来，把蚱蜢弄死了。

故事中的蚱蜢没有正确认识自己的处境，受到吹捧就得意忘形，结果白送了性命。得意忘形是摧毁心智的利器，任何人要是被它冲昏了头脑，就可能会遭遇不好的下场，得意者终必失意。

从前有一个农夫，他的地在一片芦苇地的旁边。那芦苇地里常常有野兽出没，他担心自己的庄稼被野兽毁坏了，就总是拿着弓箭到庄稼地和芦苇地交界的地方去来回巡视。

这一天，农夫又来到田边看护庄稼。一天下来，没有什么事情发生，平平安安地到了黄昏时分。农夫见还安全，又感到确实有些累了，就坐在芦苇地边休息。

忽然，他发现苇丛中的芦花纷纷扬起，在空中飘来飘去。他不禁感到十分疑惑："奇怪，我并没有靠在芦苇上摇晃它，这会

儿也没有一丝风，芦花怎么会飞起来的呢？也许是苇丛中来了什么野兽在活动吧。"

这么想着，农夫就提高了警惕，站起身来向苇丛中张望，观察是什么东西隐蔽在那里。过了好一会儿，他才看清原来是一只老虎，只见它蹦蹦跳跳的，时而摇摇脑袋，时而晃晃尾巴，看上去好像高兴得不得了。

老虎为什么这么撒欢呢？农夫想了想，认为它一定是捕捉到什么猎物了。老虎得意忘形，完全忘了注意周围会有什么危险，屡次从苇丛中跳起，将自己的身体暴露在农夫的视线之下。

农夫悄悄藏好，用弓箭瞄准了老虎现身的地方，趁它又一次跃起、脱离了苇丛的隐蔽的时候，就一箭射过去。老虎立刻发出一声凄厉的惨叫，倒在苇丛里。

农夫过去一看，老虎前胸插着箭，身下还枕着一只死獐子。

老虎捕到了獐子高兴万分，却没料到中箭而死，真可谓是乐极生悲。所以我们应该谨慎从事，不要被一时的胜利冲昏了头脑，丧失了对危险的警惕，否则就会埋下灾祸的隐患。

关公面前耍大刀，得意的忘乎所以，就会给自己留下隐患。所以有本事、有志向的人，大都谦虚谨慎。聪明和智慧的人都会审视度势，在适当的时候把握适当的机会，从而做出正确的事情。

第九章

大勇若怯，大智若愚
——做人不必太聪明

　　"大勇若怯，大智若愚。"说的就是一种糊涂哲学。大凡有智之人都懂得适当的"糊涂"艺术。这种人在社会中宠辱不惊、去留无意，他们看清了社会、看透了世界，但他们并没有趾高气扬，依然沉稳前行。他们看起来木讷、糊涂，甚至傻气，其实，在他们"糊涂"的背后，隐含的是真正的大智慧。

聪明而愚为大智

人生在世，不应对什么事都斤斤计较，该糊涂时就糊涂，该聪明时就聪明，不要处处耍小聪明，到关键时刻，才表现出大智大谋。

沉默是金，大智若愚是智者的自保方式。无论才能有多高，要善于隐匿，即表面上看似没有，实则充满的境界。

现实人生确实有许多事不能太认真，太较劲。特别是涉及到人际关系，错综复杂，盘根错节，太认真，不是扯着胳膊，就是动了筋骨，越搞越复杂，越搅越乱乎。顺其自然，装一次糊涂，不丧失原则和人格；或为了公众、为了长远，哪怕暂时忍一忍，受点委屈，也值得，"心中有数（树），就不是荒山"。有时候，事情逼到了那个份上，就玩一次智慧，表面上给他个"模糊数学"，让他丈二和尚摸不着头脑，也是"难得糊涂"。"糊涂法"是既可免去不必要的人事纠纷，又能保持心灵纯净的妙方。

愚并非真愚，大智若愚的人给人的印象是：虚怀若谷、宽厚敦和、不露锋芒，甚至有点木讷。其实在"若愚"背后，隐含的是真正的智慧大聪明。大智若愚，这是兵家的计谋，也是处世的方略。

春秋时，齐国有位智者叫隰斯弥。当时当权的大夫是田成子，

颇有窃国之志。

一次，田成子邀他谈话时，两人一起登临高台浏览景色，东西北三面平野广阔，风光尽收眼底，惟南面却有一片隰斯弥家的树林蓊蓊郁郁，挡住了他们的视线。

隰斯弥在谈话结束后回到家里，立即叫家仆带上斧锯去砍树林。可是刚砍了几棵，他又叫仆人停手，赶快回家。家人望着他感到莫名其妙，问他为什么颠三倒四的？隰斯弥说："国之野惟我家一片树林突兀而列，从田成子的表情看，他是不会高兴的，所以我回家来急急忙忙地想要砍掉。可是后来一转念，当时田成子并没有说过任何表示不满的话，相反倒十分的笼络我。田成子是一个非常有心计的人，他正野心勃勃要窃取齐国，很怕有比他高明的人看穿他的心思。在这种情况，我如果把树砍了，就表明了我有知微察著的能力，那就会使他对我产生戒心。所以不砍树，表明不知道他的心思，就算有小罪也可避害；而砍了树，表明我能知人所不言，这个祸闯的可就太大啦！"

这是一种典型的自保之术，所谓"察见渊鱼者不祥"是也。因此有时"事不关己，高高挂起"，也自有其一定的合理性。

人人都想表现聪明，装傻似乎是很难的。这需要有傻的胸怀风度，既能够傻，又愚得起。一个真正具有才德的人要做到不炫耀，不屁才华，这样才能很好地保护自己。

古时有"扮猪吃虎"的计谋，以此计施于强劲的敌手，在其面前尽量把自己的锋芒收敛，"若愚"到像猪一样，表面上百依百顺，装出一副为奴为婢的卑躬，使对方不起疑心，一旦时机成熟，即一举把对手结果了。这就是"扮猪吃虎"的妙用。

小陈和小张一起进了公司。小陈是农村孩子，辛辛苦苦考上了上海的大学。据说她第一次坐火车上学时，是她爸爸骑自行车把她送到车站的；小张是上海小囡，学习优秀，技能多样，一看

就是精干的样子。两人进了一个部门，遇到的是同一个部门经理，待遇却大相径庭。

经理觉得小陈实在是不容易，所以不忍心打击她，小陈工作效率低，因为她不熟悉上海；小陈业绩也差，因为她在上海没有根基。但小陈谦虚、诚恳，看见部门经理立刻把她当成了大人物，态度恭敬，为人热情。这些安慰着部门经理在职场上已经沧桑的心。小张很敬业，工作上手很快，成绩斐然，可是经理觉得这是应该的，遇到小张犯了一点错误，经理会说："小张，这种错误你也会犯？聪明面孔白长了？"小张有点娇气，且大二就开始在大公司实习的她见过不少大人物，一个小小的部门经理还不在她崇拜的名单上，所以遇到经理批评她，脸色就有点难看。她的脸色难看，经理的脸色自然也好看不了。

于是经理每次派给小陈的活总比小张的简单，因为她能力有限。工作业绩评估的候，小张听见的赞扬也没有小陈多，因为小陈的态度好，主观能动性强。小张有点不甘心。其实小张应该看开一点，黄蓉的资质多好，洪七公硬是没有把降龙十八掌传给她，到了《神雕侠侣》的时候，还差点儿成了一个坏人，她不是比小张还冤？

看似精明的人成功起来的确会难一些，因为你还未开口，别人已经把你当成了假想敌，和防备着你的人合作总会有点难。或者周围的人觉得你有不错的资质，对你的期望过高也是一种阻力，因此你让他们失望的概率会更高。如是看来，人还是傻一点好，不够傻的话，就装装傻吧。

所以古人说：洞察以为明者，常因明而生暗，说的就是精于察人而产生的副作用，即"好丑在心太明，则物不契，贤愚心太明，则人不亲，士君子须是内精明而外浑厚，使好丑而得其平，贤愚共受其益，才是生成的德。"所谓"大智若愚"就可作如是观吧。

一知半解的人，多不谦虚；见多识广有本领的人，一定谦虚。伟大的人是决不会滥用他们的优点的，他们看出他们超过别人的地方，并且意识到这一点，然而绝不会因此就不谦虚。他们的过人之处越多，他们越认识到他们的不足。

糊涂一点也无妨

什么是糊涂？指做人不明事理或者某种事物内容混杂，也就是不精明的意思。糊涂有两种：一种是真糊涂，懵懂处世，与生俱来，装不来，求不到；一种是假装糊涂，是非黑白了然于心，偏偏装作良莠不分，即由"聪明转入糊涂"。从一定意义上讲，"难得糊涂"是一种境界，只有心中有远大目标的才会"难得糊涂"。而事实证明适当的时候糊涂一点，要比耍小聪明好得多，在处世时不必表现得对一切都明白，精明过头并不总是好事。

大凡聪明之人都明白一个道理，就是很多时候装糊涂远远优于凡事清醒。因为真正的聪明是"微妙玄通，深不可识"。这样的人，他们比所有的人都明白，但他们比所有的人都内敛，他们知道什么叫祸福相倚，他们之所以像婴儿一样天真单纯，是因为婴儿不会引起们的戒备心理，不想成为别人打击的对象。只有领会"难得糊涂"的才会以平常心、平静的心去对待生活，如此来看"糊涂"一点有什么不好呢？

231

真正聪明的人懂得在什么时候可以将自己的才智表现出来，在什么时候宁愿忍住一时的侮辱也应该让自己糊涂一点。如果不懂装糊涂的话，可能会因为你的才能让他人产生忌妒，从而对你大加打击，最后你将会在满腹经纶中被他人打下去，而永无翻身之日。这或许就是为什么"难得糊涂"这一名句如此备受人们青睐的原因。懂得在"大愚"之中藏有"大智"，懂得利用糊涂来明哲保身。因为在某些场合，在危机时刻装傻卖痴是化险为夷、摆脱困境的最快捷的方法，古代著名的军事大师孙膑就是最好的例子，能够忍一时之辱而成就后来的辉煌，而这样的忍耐必然可以让你实现心中的远大目标。

记得有这么一句话："做一个现代人要精明，但是虽然精明，却不是要你把你所知道的全都说出来。"意思也很明白，无非是说在现代社会中，有时即使明白也要装一装糊涂，这无论在官场、商场、职场都是一条十分重要的原则。这里所说的糊涂，不是不明道理、胸无点墨、成事不足、败事有余的"糊涂蛋"的糊涂，而是清朝著名的郑大怪人的"难得糊涂"的糊涂。"糊涂蛋"的糊涂是真糊涂，而大怪人的糊涂是"假糊涂"，也就是"装糊涂"。"装糊涂"并不是教人圆滑、世故，也不是任人蹂躏，更不是放弃追求，而是老话中所说的"小不忍则乱大谋"，这"忍"就是"装糊涂"，这"大谋"就是使自己快乐、如意。

"糊涂"一点，能让人得到一种安宁，一种轻松。所以有时候，人没有必要太"聪明"。一个人如果太"聪明"，也会"聪明反被聪明误"的。《红楼梦》中有这样一句话："机关算尽太聪明，反误了卿卿性命。"这就是对聪明之极的王熙凤所写的判词。这样一个十分精明的人物，她呼风唤雨、左右逢源，令人羡慕不已，最后落得个孤家寡人，身心劳碌至死。最终一无所得的下场，就是毁在了她的聪明上。岂不正应了"聪明反被聪明误"这句话

了吗？培根说："生活中有许多人徒然具有一副聪明的外貌，却并没有聪明的实质。这是'小聪明，大糊涂'。"现实生活中的许多人，看起来非常聪明，凡事都去斤斤计较，凡事都拾掇得毫厘不爽，凡事都好像占尽了便宜，出尽了风头，只知进，不知退，只知耍小聪明，不知厚道待人，只知损人利己，不知深藏于密。凡事都要丁是丁，卯是卯。这样的人活着会很累。一个不知道"急流勇退"的人，实在是一个傻瓜。一个机关算尽的人，最终会算到自己头上。如此把自己累得身心疲惫，真不如在现实生活中，用一种"难得糊涂"的思维方式，以平常之心、平静之心对待人生，换得个泰然安详。

郑板桥的"难得糊涂"告诉我们，如果用这样的一种"难得糊涂"可以为自己赢得一时的宁静，可以让自己以一种平静的心态面对人生的话，这何尝不是一件好事呢？人生总要难得糊涂一点，如果时时让自己保持清醒的状态，就必然会惹来他人的嫉妒、猜疑，而最终结果是在他人对自己在嫉妒中，失去了自我快乐的心情。因此，其实人生就是这样一辈子，为何要为所谓的争斗，而让自己失去了一生中难得的宁静脱俗呢？糊涂是一种智慧，是一种成功之道。巧妙地装糊涂不但会给各种繁杂的事涂上润滑油，使其顺利运转，而且也能起到四两拨千斤的作用。在生活中糊涂一点，你会活得潇洒自如，会活得轻松明快，生活会充满笑声。

为人处世要学会守愚

智者需学会守愚。所谓的"守愚"，实际上就是培养自己超凡的智慧与美德。郑板桥"难得糊涂"的字幅四处可见，但真正懂得这句话的含义并不容易。

王先生去表妹家做客，表妹未归，王先生就和表妹夫小朱先聊起来。一会儿，门开了，表妹气嘟嘟地走进门，脸上阴得很重。皮包往沙发上一摔，坐在那儿，闷不吭气。

"怎么了？"小朱轻声细气地靠近。

"怎么了？"表妹别过脸去："问你自己！你今天真是让我丢够了脸，当着一大堆同事的面，我真想找个洞钻进去。"表妹气恼地说。

小朱一脸不解地问："我跟我们经理到你公司参观，怎么会丢你的脸呢？正因为我是经理面前的红人，他才会带我去，他怎么不带别人呢？而且，你要想想，经理不去别的厂参观，为什么专找你们工厂，还不是我介绍的？你们工厂，从上到下，如果做成这笔生意，应该感谢我，也就是感谢你才对，怎么反而说让你丢脸呢？"

表妹听了这话，小脸更加面若冰霜，说："当然丢脸！你还没去，我就跟老板和同事说了，说你是同系的师兄、高材生，也

是这方面的专家……可是呢？你看你跟在你们经理旁边，一副一问三不知的样子，明明你最懂的技术，根本可以由你介绍，你为什么不说话，还不断问你经理。他懂个屁！"

"他懂个屁？"小朱停一下，和王先生相视而笑，王先生走过来拍拍表妹的肩说："他也是学这个的，就算过时了，他总是经理啊！"

"他总是经理啊！"这句话道出了真谛。

这个以幕僚姿态站在上司身后，不显示自己的小朱，懂得了做人的三昧。

如果经理完全是外行，由内行代为解说，绝对是当然的事。但是，当自己的主管也是内行人的时候，抢在前面说话，不但是抢风头，而且表现了"我比你内行"的气势。

在这个时候，最聪明也最有效的办法就是装糊涂了，把功劳在不知不觉中让给上司，这样的糊涂才是真聪明。

"聪明"是个很值得玩味的词，它既有"脑子好"、"反应快"、"思维敏捷"的含义，也隐含着"不稳重"、"浮躁"、"爱表现"的意思。这个词用在成年人身上，常常不是褒义的。

俗话说："天妒聪明。"其实人更是如此。老子说："大巧若拙，大辩若讷。"意思是最有智慧的人，真正有本事的人，虽然有才华学识，但平时像个呆子，不自作聪明；虽然能言善辩，但好像不会讲话一样。无论是初涉世事，还是位居高官，无论是做大事，还是一般人际关系，锋芒不可毕露。有了才华固然很好，但在适当的时机运用才华而不被或少被人忌，避免功高盖主，就算有更高的才华，这种才华对国家对人对己才有真正的用处。

老子曾告诫孔子说："君子盛德，容貌若愚。"这里的盛德是指"卓越的才能"，整句话的意思是，那些才华横溢的人，外表上看与愚蠢笨拙的普通人毫无差别。无论是谦虚还是谨慎，可能会

让不少人觉得是消极被动的生活态度。实际上，倘若一个人能够谦虚诚恳地待人，便会赢得别人的好感；若能谨言慎行，更会赢得人们的尊重。

老子还告诫世人："不自见，故明；不自是，故彰；不自伐，故有功；不自矜，故长。"这句话的大意是，一个人不自我表现，反而显得与众不同；一个不自以为是的人，会超出众人；一个不自夸的人，会赢得成功；一个不自负的人，会不断进步。相反的，老子告诫世人："企者不立，跨者不行。自见者不明，自足者不彰，自伐者载功，自夸者无长。"而如果一个人锋芒毕露，一定会遭到别人的嫉恨和非议，甚至引来杀身之祸。

"大勇若怯，大智若愚"是苏轼的观点。他在《贺欧阳少师致任启》中说："力辞于未及之年，退托以下不能而目，大勇若怯，大智若愚。"我们可以理解为对于那些不情愿去做的事，可以以智回避之。

本来有大勇，却装出怯懦的样子，本来很聪敏，硬装出很愚拙的样子，如此可以保全自己的人格，同时也可不做随波逐流之事。真正的大智大勇者未必要大肆张扬，徒有其表，而要看其实力。李贽也有类似的观点："盖众川合流，务欲以成其大；土石并砌，务以实其坚。是故大智若愚焉耳。"百川合流，而成其大；土石并砌，以实其坚，这才是大智若愚。

中国古代的道家和儒家都主张"大智若愚"，而且要"守愚"。孔子的弟子颜回会"守愚"，深得其师的喜爱。他表面上唯唯诺诺，迷迷糊糊，其实他在用心功，所以课后他总能把先生的教导清楚而有条理地讲出来，可见若愚并非真愚。大智若愚的人给人的印象又是：虚怀若谷，宽厚敦和，不露锋芒，甚至有点木讷。其实在"若愚"的背后，隐含的是真正的大智慧大聪明。大智若愚，真是一种智慧人生！

　　建功立业，成名成家，这是每个有抱负的人所梦寐以求的，但立了功，取得了成就，应该如何对待呢？晏子认为应该是"省行而不伐，不让而不夸"。要及时总结经验，不可骄傲自满，到处夸耀自己的功劳，沉溺于过去的成功中。一个人的功劳只能代表过去，未来的一切都必须重新开始，因此，做人应该有自知之明，任何时候任何情况下都应摆正自己的位置，保持自谦上进的品格。须知，"一将功成万骨枯"，任何丰功伟绩并不是某一个人能建立的，而且功高会招小人嫉妒，自夸功劳必招他人怨恨，凶多吉少。不争功，不夸耀，像以往那样尽忠尽德，则会更令人钦佩。

　　守愚也有积极和消极两个方面，积极守愚是以退为进，是一种积极向上的处事方法，而消极守愚，明哲保身，不求有功，但求无过的人，是不会成就任何大事情的。

　　智和愚对人一生命运的影响极大。"聪明一世，糊涂一时"，是说聪明人有时也会办蠢事；"大智若愚"、"难得糊涂"，是说真正聪明的人往往表面上愚拙。这是一种智慧人生，真人不露相。而"聪明反被聪明误"则揭示了耍小聪明者的真愚本质。天赋聪明，肯定是一件好事，问题是如何运用和表现聪明。

　　人宁可保持纯朴天真的本性而摒除后天的奸诈乖巧，保留一些刚正之气还给大自然：宁可抛弃世俗的荣华富贵而甘于淡泊、清虚恬静，在天地人间留一个纯洁高尚的美名。

小糊涂里有大精明

俗话说：水至清则无鱼，人至察则无徒。待人处世中许多事情往往都坏在"较真"二字上。有些人对别人要求得过于严格以至近于苛刻，他们希望自己所处的社会一尘不染，事事随心，符合自己的设想。一旦发现这种问题，不允许有任何一件鸡毛蒜皮的小事，否则他们就怒气冲天，大动肝火，怨天尤人，摆出一种势不两立的架势。尤其是知识分子，他们对许多问题的看法往往过于天真，过于理想化，过于清高。总觉得世界之上，众人皆浊，惟我独清，众人皆醉，惟我独醒。用这种天真的眼光去看社会，许多人往往会变得愤世嫉俗，牢骚满腹。

我们说"水至清则无鱼"，主要强调的是做人处世都不能太"认真"，该糊涂时就糊涂，只要不是原则问题，睁一只眼闭一只眼也未尝不可。所谓"水至清则无鱼"谈论的不是一般的清，而是"至清"。所谓"至清"者，一点杂质都没有，这岂不是异想天开？然而，现实中更多的人往往是大事糊涂，小事反而不糊涂，特别注意小事，斤斤计较，哪怕是鸡毛蒜皮的小事，也偏要用显微镜去观察，用放大尺去丈量。普天之下，可以与言者，也就只有"我自己"，这实际上是一种病态。

所谓"水至清则无鱼"并不是认为可以随波逐流，不讲原则，

而是说，对于那些无关大局、枝枝蔓蔓的小事，不应当过于认真，而对那些事关重大、原则性的是非问题，切不可也随便套用这一原则。汉代政治家贾谊说："大人物都不拘细节，从而才能成就大事业。"这里的"不拘小节"，就包括了该糊涂时别精明的待人处世之道。

吕端是宋太宗年间的宰相，他书生出身，肚子里有不少墨水。虽然经历了五代末期的天下战乱，人情艰苦历练不少，但仍是满身读书人的呆气，似乎是个十足的糊涂宰相。有人为此说吕端糊涂，可宋太宗赵光义却偏偏认为他小事糊涂，大事不糊涂，决意任命他为宰相。后来赵光义病重，宣政使王继恩害怕太子赵恒英明，做了皇帝以后会对他们这一党不利，于是串通了参知政事李昌龄、都指挥使李继熏等，密谋废掉太子，改立楚王为太子。此时，吕端到宫中看望赵光义，太宗快不行了，吕端发现太子却不在旁边，就怀疑事情有变，其中很可能有鬼，便在手板上写了"大渐"二字，让心腹拿着赶快去催太子尽快到赵光义身边来，这个"渐"字的意思就是告诉太子皇帝已经病危了，赶紧入宫侍候。等到赵光义死后，皇后让王继恩宣召吕端，商议立谁为皇帝。吕端听后知道事情不妙，他就让王继恩到书房去拿太宗临终前赐给他的亲笔遗诏，王继恩不知是计，一进书房便被吕端锁在房中。这时，吕端便飞快来到宫中。

皇后说："皇上去世，长子继位才合情理，现在该怎么办？"意思很明显，想立长子赵元祐。吕端立即反驳道："先帝既立太子，就是不想让元韦占继承王位，现在先帝刚刚驾崩，我们怎么就可以立即更改圣命呢？"皇后听了无话可说，心里只有认了。

事情到了这个地步，吕端仍不放心，他要眼见为实，太子即位时，吕端在殿下站着不拜，请求把帘子挂起来，自己上殿看清楚，认出是原先的太子，然后才走下台阶，率领大臣们高呼万岁。

　　吕端事先能明察阴谋，有所防范；事中能果断决策，出奇策击破奸主；事后又能眼见为实，不被现象迷惑，不仅明智，实在是功夫老道。在皇位继承的关键问题上，吕端的"小事糊涂，大事精明"体现得淋漓尽致。

　　石达开是太平天国首批"封王"中最年轻的军事将领，太平天国建都南京后，他同杨秀清、韦昌辉等同为洪秀全的重要辅臣。在天京事变中，他又支持洪秀全平定叛乱，成为洪秀全的首辅大臣。之后，洪秀全隐居深宫，将朝政全权委托给无能的洪氏兄弟，以牵制石达开，矛盾日益激化。

　　公元 1857 年 6 月 2 日，他选择率部出走，认为这样既可继续打着太平天国的旗号进行从事推翻清朝的活动，又可以避开和洪秀全的矛盾。

　　石达开率大军到安庆后，如果按照他原来"分而不裂"的初衷，本可以安庆作为根据地，向周围扩张，在鄂、皖、赣闯出一片天地来。安庆离南京不远，还可以互为声援，减轻清军对天京的压力，又不失去石达开原在天京军民心目中的地位。这是石达开完全可以做到的。但是，石达开却没有这样去做，而是决心和洪秀全分道扬镳，彻底决裂，舍近而求远，去四川自立门户。

　　石达开虽然拥有 20 万大军，英勇转战江西、浙江、福建等 12 个省，历时 7 年，表现了高度的坚忍性，但最后还是免不了一败涂地。

　　公元 1863 年 6 月 11 日，石达开部被清军围困在利济堡，手下谋士献策决一死战，而军辅曾仕和则献诈降计，石达开接受了诈降。他想用自己一人之生命换取全军的安全，这又是他的决策失误，再次在大事上犯糊涂。当军中部属知道主帅"决降，多自溃败"，已溃不成军了。此时，清军又采取措施，把石达开及其部属押送过河，把他和两千多解甲的将士分开。这一个举动，顿使

石达开猛醒过来，他意识到诈降计拙，暗自悔恨。

石达开被押过河后，"舍命全己军"的幻想已经彻底破灭。此后的表现倒也十分坚强，起先，清将骆秉章对他实行劝降，石达开严词以对，说："吾来乞死，兼为士卒请命。"然而，已于事无补了。

回顾石达开的失败，主要是其决策的错误，大事上犯了糊涂。其根源是他对分裂后的前途缺乏信心。因为太平天国能打仗的名将几乎都不响应石达开的出走。他邀英王、忠王一起行动都被拒绝；赖汉英、黄文全、林启容等战将也不愿跟着石达开出走。此外，石达开出走的目的不明确，政治上、军事上都没有魄力提出新的构想和谋略，只是消极地常年流动作战。他想用不分帜来表示他对天国的忠心，但他出走的实际行动却是十足的分裂。这种不分帜、不降清、不倒戈的"忠义"形象和他出走天京的实际行动大相径庭，这种拖泥带水、不伦不类的行动，决定了石达开走后不可能有什么大的作为。

藏巧若拙得实惠

大家都看过《射雕英雄传》，里面的主人公郭靖在所有人心目中都是一个四肢发达、头脑简单的"傻子"，可正是因为他傻，才有了他后来的成功。在他成功的道路上，有无数的善良之人心

甘情愿地为他当铺路石，黄蓉只是最大的那一个而已。所有的聪明人都把他当成弱者，忙不迭地为他出谋划策，江南七怪为他贡献了下半辈子；全真派老道守着内功心法不肯指点梅超风，可是却不惜千里到他身边手把手地教他；九阴真经、降龙十八掌是人人都想要的，却无一例外落到他的手上。人们常说：傻人有傻福。为什么？因为无论是聪明人还是傻人，都喜欢关照傻人。也正因为此，那些真正的智者、聪明人都喜欢藏起自己的聪慧，在人前显出一副笨拙、傻憨的样子来。

智者为人，心平气和，宠辱不惊。智者处事，含而不露，隐而不显，看透而不说透，知根而不亮底。其实，他们用的是心功。

人的资质各种各样，有聪明人和糊涂人，而同是聪明人，又有大聪明和小聪明之分，同是糊涂人，则又有真糊涂和假糊涂之分。真正的大智大勇未必要大肆张扬，卖弄聪明，不是徒有其表而要看实力。具有大智慧的人，看起来反倒如同糊涂人，其实不是真糊涂而是假糊涂，这就是"大智若愚"。

魏晋时期的王湛，是一个很懂得隐藏自己的人。他平时不言不语，从不表现自己，别人有什么对不起他的地方，他也从不去计较，因此很多人都轻视他，认为他是个大傻瓜，连他的侄子王济也瞧不起他。

吃饭的时候，明明桌子上有许多好菜，可是王济一点都不客气，好鱼好肉都不让这位叔叔吃。王湛一点都不生气，叫王济给他点蔬菜吃，可王济又当着他的面把蔬菜也吃光了，要是平常人早就发怒了，可是王湛还是不言不语，脸上没有一点生气的表情。

有一天，王济偶然到叔叔的房间里，见到王湛的床头有一本《周易》，这是一本很古老又很晦涩的书，一般人是很难读懂的。在王济眼里，这位"傻"叔叔怎么可能读得懂这样一部书呢？肯定是放在那里做做样子。于是就问王湛："叔叔把这本书放在床头干什

么呢?"王湛回答："闲暇无事的时候，坐在床头随便翻翻。"

王济心里非常疑惑，便故意请王湛给他说说书中的一些内容。王湛分析其中深奥的道理，居然深入浅出，非常中肯，讲得精炼而趣味横生，有些地方恐怕连当时最有名的学者都比不上。

王济从来没有听到过这样精妙的讲解，心中暗暗吃惊，于是留在叔叔的住处向他请教，接连好几天都不愿回去。经过接触和了解，他深深感觉到，自己的知识和学识跟这个"傻"叔叔相比，简直差了一大截。他惭愧地叹息道："我们家里有这样一位博学的人，可我这么多年来却一点都不知道，真是一个大过错啊。"几天后，他要回家了，王湛又非常客气地送他到大门口。

后来又发生几件事情，让王济对这位叔叔更加刮目相看。王济有一匹性子很烈的马，特别难骑，就问王湛："叔叔爱好骑马吗?"王湛说："还有点爱好。"说着一下子就跨上这匹烈马，姿态悠闲轻巧，速度快慢自如，连最善骑马的人也无法超越他。王济又一次惊呆了。

王济对他平时骑的马特别喜爱，王湛又说："你这匹马虽然跑得快，但受不得累，干不得重活。最近我看到督邮有一匹马，是一匹能吃苦的好马，只是现在还小。"王济就将那匹马买来，精心喂养，想等它与自己骑的马一样大了，就进行比试，看叔叔说的是否正确。将要比试的时候，王湛又说："这匹马只有背着重物才能体现出它的能力，而且在平地上走显不出优势来。"王济就让两匹马驮着重物在有土堆的场地上比赛。跑着跑着，王济的马渐渐落后了，过了一会居然摔倒了，而督邮的马还向平常一样，走得稳稳当当。

通过这些事情，王济从内心深处佩服叔叔的学识和才能，知道他不仅学识渊博，在骑马、相马各方面都很精通，不知道还有多少知识隐藏起来呢。回到家后，他对父亲说："我有这样一位

好叔叔，各方面都比我强多了，可我以前一点也不知道，还经常轻视他，怠慢他，真是太不应该了。"

当时的皇帝武帝平时也认为王湛是个傻子，有一天，他见到王济，就又像往常一样跟他开玩笑，说："你家里的傻叔叔死了没有？"

要是在过去，王济会无话可答或者配合皇帝的玩笑，可这一次，王济却大声回答说："我叔叔其实根本就不傻！"接着，他就把王湛的才能学识一五一十讲出来，武帝半信半疑，后来经过考察，发现王湛确实是个人才，于是封他当了汝南内史。

像王湛这样，平时只管发展和提高自己，而不去追求表现和虚荣，是一种深层次的。是金子总会发光的，真有智慧的人总会受人赏识，王湛善于隐忍，不追求虚名，才获得他人真正的敬佩。

有些人总爱自作聪明，生怕被人当做傻瓜，处处表现自己，处处争权夺势，其实常常是在上演一幕幕作茧自缚、引火烧身、自掘坟墓的悲剧。这些人可能会一招得逞，一时得势，但玩的终究是小聪明小把戏，是大愚若智。

大智若愚者藏才隐德，谦虚谨慎，以弱制胜，他们用表面的愚笨来保护自己，为自己赢得发展和提高的时间和环境，并能统观全局，站在比别人更高的角度上把握事态发展的脉络；因而他们常常是任重而道远的承担者，比常人更能抓住成功的机会。

不计较是一种糊涂的智慧

一个人的幸福与否，往往是取决于他的心境如何。如果我们用外在的东西，换来了心灵上的平和，那无疑是获得了人生的幸福，这便是值得的。

不少好朋友，或者事业上的合作伙伴，由于种种原因，后来反目成仇了，双方都搞得很不开心。结果是大打出手。

有个人却不一样，他与朋友合伙做生意，几年后一笔生意让他们所赚的钱又赔了进去，剩下的是一些值不了多少钱的设备，他对朋友说，全归你吧，你想怎么处理就怎么处理。留下这句话后，他就与朋友分手了。没有相互埋怨，给人的感觉是这人真糊涂，自己的一分也不要了。其实，这叫"好合好散"。生意没了，人情还在。

吃亏是福，乃智者的智慧。不管你是做老板也好，还是做生意场上的伙伴也罢，手下的人跟着你有好日子过、有奔头，他才会一心一意与你合作，给你干。因为他知道老板生意好了他才会好。生意场的伙伴同你做生意不能赚钱，才会朝三暮四。

有人与朋友一旦分手，就翻脸不认人，不想吃一点亏，这种人是否聪明不敢说，但可以肯定的是，一点亏都不想吃的人，只会让自己的路越走越窄。让步、吃亏是一种必要的投资，也是朋

友交往的必要前提。为什么呢？在生活中，人们对处处抢先、占小便宜的人一般没有什么好感。占便宜的人首先在做人上就吃了大亏，因为他已经处处抢先，从来不为别人考虑，眼睛总是盯着他看好的利益，迫不及待地跳出来占有它。他周围的人对他很反感，合作几个来回就再也不想与他合作下去了。合作伙伴一个个离他而去，他难以找到愿意与他重新合作的人，他不是吃了大亏吗？

任何时候，情分不能践踏。主动吃亏，山不转路转，也许以后还有合作的机会，又走到一起。若一个人处处不肯吃亏，则处处必想占便宜，于是，妄想日生，骄心日盛。而一个人一旦有了骄狂的态势，难免会侵害别人的利益，于是便起纷争，在四面楚歌之下，又焉有不败之理？

装聋作哑可屈人之兵

在各种纠纷中，有些人争强好胜，出尽风头，但最终却一败涂地。而善于保护自己的人却能装聋作哑充耳不闻，以糊涂对方，结果反而胜了，这些即谓不战而屈人之兵。

某公司有一个女孩子，平日只是默默工作，并不多话，和人聊天，总是面带微笑。有一年，公司里来了一个好斗的女孩子，很多同事在她主动发起的攻击之下，不是辞职就是调离。最后，

矛头终于指向了这个女孩。某日,这位好斗的女孩子抓到了那位一贯沉默的女孩子的把柄,立刻点燃火药,劈里啪啦一阵,谁知那位女孩只是默默笑着,一句话也没说,只偶然问一句"啊?"最后,好斗的那个主动鸣金收兵,但也已气得满脸通红,一句话也说不出来。过了半年,这位好斗的女孩子也自请他调。

你一定会说,那个沉默的女孩子的"修养"实在太好了,其实事实不是这样,而是那位女孩子听力不大好,理解别人的话虽然不至于有困难,但总是要慢半拍,而当她仔细聆听他人的话语并思索话语中的意思时,脸上又会出现"无辜"、"茫然"的表情。他人对她发作那么久,那么卖力,她回应的却是这种表情和"啊?"的不解声,难怪斗不下去,只好鸣金收兵了。

这个故事说明了一个事实:装聋作哑的力量是巨大的,面对"沉默",所有的语言力量都消失了!

因此你要有面对不怀善意的力量的心理准备;你可以不去攻击对方,聪明人的举动是:不如装聋作哑!

在人际交往中,很多场合都可以使用装聋作哑的方法,避其锋锐,掩己本意。然后避实就虚,猛然出击。

在我们的人生的道路上,当我们面对困境时,在我们力量弱小时,一定要学会隐藏自己,在暗中积蓄实力,才能有自己的出头之日。

魏明帝曹睿死时,太子年幼,大将军司马懿与曹爽共同辅佐太子执政,曹爽是皇室宗族,自从掌握大权后,野心勃勃,要独揽大权。但司马懿是三朝元老,功劳高,有威望,而且谋略过人,在朝廷中有相当大的势力,因此,曹爽还不敢公开与司马懿斗。而司马懿也想夺权,他早把曹爽的举动看在眼里,但表面上仍然装糊涂,后来,干脆称病不上朝。

曹爽虽然一人独揽朝廷大权,可他对司马懿仍然不放心。司

马懿虽然自称年老多病，不问朝政，可他老奸巨猾，处事谨慎，谁知他是真有病还是假有病？当初武帝曹操创业的时候，听说司马懿胸怀韬略，多次派人请他出来为官，可司马懿出身士族，自视高贵，瞧不起出身寒门的曹操，不愿在曹操手下做官，就装病在家。后来见曹操的势力强大了，才出来跟随曹操，为曹操出力。这一次有病，谁知他是不是故伎重演呢？因此，曹爽对司马懿不敢掉以轻心，他经常派人打听司马懿的情况，可就是摸不到实情。

河南尹李胜讨好曹爽，得到曹爽的信任，曹爽就把李胜召到京城，任命他为荆州刺史。李胜临去上任时，曹爽安排李胜以探望为名，到司马懿府中去探听虚实。

李胜在客厅坐了很久，才见司马懿衣冠不整，不断地喘息着，由两个侍女一左一右地架着，从内室慢慢走出。

李胜连忙站起身来，向司马懿行礼问安。司马懿的儿子司马昭对李胜说："李大人免礼罢，家父身体难支，还要更衣。"

旁边走过一个侍女，用盘子端着一套衣袍来到司马懿面前，请司马懿更衣。司马懿颤颤抖抖地伸手去拿衣服，刚拿起衣服，他的手无力地往下一垂，衣服掉在了地上。侍女赶忙拾起衣服，帮司马懿穿上，两个侍女搀扶着，小心地让司马懿躺着坐在躺椅里。

司马懿喘息了一会儿，慢慢地抬起右手，用手指指自己的嘴，上气不接下气地说："喝——粥——"

一个侍女连忙出去，端着一碗粥来到司马懿面前，司马懿抖着手去接，可他的手抖动得太厉害，最终还是拿不住碗。侍女只好端碗送到司马懿的唇边，用汤匙一小口一小口地把粥送进司马懿口中。司马懿的嘴慢慢地蠕动着，粥不断地从嘴角流出来，流到下巴的胡须上，又顺着胡须滴落在他的衣襟上。

喝着喝着，司马懿突然咳嗽起来，嘴里的粥喷了出来。不仅喷到他自己身上，还喷了喂粥的侍女一身。侍女放下手中的碗，

拿过毛巾给司马懿擦身上的粥。司马懿叹了一口气，闭上眼睛。

李胜看见司马懿这副样子，就走上前去，对司马懿说："太傅，大家都说您的中风病复发了，没想到您的身体竟这样糟，我们真替您担心！"

司马懿慢慢地睁开眼睛，气喘吁吁地说："我老了，又患病在身，活不多久了。我不放心的是我的两个儿子，你今天来，我很高兴。我以后就把两个儿子托付给你了。"说着说着，眼中流下泪来。

李胜连忙解释说："太傅不必伤心，我们都盼着您早日康复呢。我马上要到荆州赴任，今天特意来拜望您，向您辞行的。"

司马懿故意装糊涂，说："什么？你要去并州上任，并州靠近胡人，你去了要很好地加强戒备，防止胡人入侵。"

李胜见司马懿年老耳聋，连话都听不清了，就重复说："太傅，我不是去并州，是去荆州。"

司马懿听了，故意对李胜说："你刚去过并州？"司马昭凑上前去，大声对司马懿说："父亲，李大人不是去并州，而是去荆州。"

"哦，是去荆州，那更好了。唉，我人老了，耳聋眼花，不中用了！"司马懿对李胜说。

李胜认为司马懿确实老病无用了，就站起身来，对司马懿告辞说："太傅多保重，您的身体会好起来的，以后有机会进京，我会再来拜望您的。"说完就离开了太傅府。

李胜刚出府门，司马懿就从椅子上站了起来。手捋胡须，看着司马昭，父子两人相视而笑。

李胜出了太傅府，直奔曹爽的府中，见到曹爽，高兴地说："司马懿人虽活着，却只有一息尚存，已经老病衰竭，离死不远了，不值得您忧虑了。"

曹爽听了，心中大喜，当即把李胜留在府中，饮酒庆祝。从

此以后，曹爽根本就不把司马懿放在心上了，更加独断专行。

春天到了，按照惯例，曹魏皇帝宗族要去祭扫高平陵。曹芳起驾，曹爽，曹羲等兄弟全部随驾同行，一行人耀武扬威，浩浩荡荡开出了洛阳城。

等曹爽他们出城不久，司马懿就精神抖擞地带领着司马昭、司马师披挂上马，率领着精锐士兵占领了洛阳各城门与皇宫，把洛阳城四门紧闭，不准人随便出入。然后假传皇太后的诏令，废曹爽为平民，并派人把诏令送到皇帝曹芳那里。

司马懿握有重兵，曹爽又没防备，所以只能坐以待毙。司马懿下令把曹爽兄弟及其亲信桓范、何晏等人抓起来砍了头，并灭掉了三族。类似的例子还有燕王朱棣夺位之前的装疯，他年轻的侄子建文帝哪玩得过老谋深算的叔叔呢，不久就被朱棣的大军打败，不知所终。

做人切忌恃才自傲，不知饶人。锋芒太露易遭嫉恨，更容易树敌。功高震主不知给多少臣子招致杀身之祸。有点"心眼"适时地"装傻"，既有效地保护自我，又能从容地观察形势，实在是一种聪明之举。

"露拙显愚"巧拒绝

"装疯卖傻法"是一种特殊形式，用来拒绝他人不失为一种很好的策略，是"表示自己无能为力，不愿做不想做的事"。也就是说："我办不到！所以不想做！"

根据心理学的调查发现，人们的确有在日常生活中故意装傻的现象。例如在上班族中，有20%的人曾对上司装过傻，而40%的人对同事装过。虽然它跟"楚楚可怜"法一样，会导致评价降低，但令人惊讶的是，仍有一成以上的人是在自己有意识的情况下用了这个办法。

上班族会用到"装疯卖傻法"的场合有以下三种：

（1）有能做不想做的事

例如像是打杂般的工作、很花时间的工作、或单调的工作等。还有像公司运动会之类，公司内部活动的筹办委员也是其中之一。像这种情形便有不少人会用"我不会呀！"或"我对这方面不擅长！"等理由，来把不想做的事巧妙地推掉。

（2）拒绝他人的请求

当别人找上你，希望你能帮他的忙时，你很难直接说"不"吧！因此便以"我很想帮你，可是我自己也没有那个能力"的态

度来婉转拒绝。拒绝别人这种事，很难直接以"我不愿意"这种态度来拒绝，而且还可能会让对方怀恨在心。因此，若是用能力、也就是自己无法控制的原因来拒绝，用"我想帮你，可是帮不了"这样的话，拒绝起来便容易多了。

（3）想降低自己的期待值

一个人若能得到他人的高度期待，固然值得高兴，但压力也会随之而来。因为万一失败，受到高度期待的人，所带给其他人的冲击力会愈大。

因此，借由表现出自己的无能，来降低期待值，万一将来失败，自己的评价也不会下降得太多；相反地，如果成功，反而会得到预期之外的肯定。

"装疯卖傻法"有以下几种技巧：

（1）曲解法

即故意曲解对方说话含义。为了达到拒绝的目的，不妨装聋作哑一回。

一次，一位贵妇人邀请意大利著名小提琴家帕格尼尼到她家里去喝茶，帕格尼尼同意了。当然，贵妇人是醉翁之意不在酒了。果然，临出门时，贵妇人又笑着补充说："亲爱的艺术家，我请您千万不要忘了，明天来的时候带上小提琴。""这是为什么呀？"帕格尼尼故作惊讶地说，"太太，您知道我的小提琴是不喝茶的。"帕格尼尼通过曲解对方语言的含义，把自己的拒绝意思表达得明明白白。这种方法适用于爱玩小手段的狡猾者，让他（她）面对拒绝，哑巴吃黄连——有苦说不出。

（2）无能法

即是表明"我没有能力做那件事，因此我不愿意做"的一种方法。根据工作内容的不同，"无能"的内容也有所不同。主要

用于与自己平日业务无关的业务上。例如：

当别人要求你处理电脑文书资料时，你可以说：

"电脑我用不好，光一页我就要打一个小时，而且说不定还会把重要的资料弄不见！"

当别人要求你做账簿时，你可以说："我最怕计算了，看到数字我就头痛！"

不过，所表明的"无能"的理由不具真实性，那可就行不通。例如刚才电脑处理的例子，如果是在电脑公司，说这种话谁信！后面那个例子，如果发生在银行，也绝对会显得很突兀。平常愈少接触到的工作，说这种话时，所获得的可信度也就愈大。所以要说"我没做过"、"我做得不好"这些话的时候，这些话一定要具有可信度才行。

(3) 转嫁法

也就是在"表示无能"的用法之后，以"我办不到，你去拜托某某比较好"的说法，来将矛头指向他人的做法。

"我对电脑没办法，不过小王对电脑很熟，你去拜托他看看怎么样？"

"我对计算工作最头大了，小芸好像是簿记二级的，她应该做得来！"

像这样搬出一位在这方面能力比自己强的人，然后要对方去拜托他就行了。

不止能力的问题，像下面这个例子中的场合也能适用。

"我如果要做这件事，恐怕要花掉不少时间。小范好像说他今天工作量不是很多！"

这个办法有一个问题就是，可能会招致那个被你"转嫁"的人的怨恨。想拜托人的人一定会说："是某某说请你帮忙比较

好！"对方也就会知道是你干下的好事。这么一来，那个人心里一定会想：可恶的家伙，竟然把讨厌的事推给我！

尤其当需要帮忙的工作内容是人人都不想做的事情的时候，这种惹来怨恨的可能性就会更高。所以，最好在多数人都知道"某某事情是某某最擅长的"，这样的转嫁不会给他带来大麻烦时，这样的招数才适用。

（4）含糊其辞法

就是明明白白的"不"难以说出口，就来点"模糊学"，使对方糊里糊涂、心甘情愿地就被你拒绝了。

有一家公司招聘设计师。招聘主任用这样的方法来拒绝不佳的应征者。

"哎哟，真是对不起，可能太累了，你这幅设计图我不大看得懂。你回去再给我画一幅我比较看得懂的，好吗？"

这种回答，在肯定了对方的水平的同时，巧妙地拒绝了他，让他满怀希望地离去。说不定第二天还真的会带着一幅合格的设计回来呢。

运用"装疯卖傻"的方法拒绝对方，的确很巧妙，但要把握住使用的分寸，如果使用过度，很容易给人留下"无能""不可靠"的印象。而当自己反过来想求人帮忙时，被拒绝的机率也会大幅提高。因此要注意，绝对不要使用过度。

"装疯卖傻法"使用时的第一重点就在于慎选使用的场合。也就是只在与自己身为上班族的评价无关的地方使用。

举个极端的例子。如果一个跑业务的说"我在别人面前讲话会很紧张"而拒绝参加公司的会议，那么这对他来说可是致命伤。但如果是做研究工作的人说这种话，那就另当别论，效果完全不同。要装疯卖傻时，一定要谨记：只用对自己不重要的部分来装。

第二个重点是，尽量避免招来"无能"或"不可靠"的负面印象。记住善用"如果是某某，某某就没问题，但这件事我实在心有余而力不足"这句话。例如：

"文字处理机我还有办法，可是资料输入我真的不行！"

"公司旅行的账目我倒是做过，但太复杂的东西我没自信能做好！"

当然，这么说，对方可能会冒出一句："既然那个你都能做了，那这个应该也没问题才对！"不过，再怎么说，也总比直接拒绝对方好。再说，这种说法听起来比较具有真实性，也比较容易成功。